基于视觉的目标跟踪与定位研究

黄 丹 禹霁阳 卢 玲 著

U0242056

中国纺织出版社有限公司

图书在版编目（CIP）数据

基于视觉的目标跟踪与定位研究 / 黄丹，禹霁阳，卢玲著. -- 北京：中国纺织出版社有限公司，2023.10

ISBN 978-7-5229-0943-1

Ⅰ.①基⋯　Ⅱ.①黄⋯ ②禹⋯ ③卢⋯　Ⅲ.①计算机视觉—目标跟踪—研究　Ⅳ.①TP302.7

中国国家版本馆 CIP 数据核字（2023）第 209366 号

责任编辑：王　慧　　责任校对：寇晨晨　　责任印制：储志伟

中国纺织出版社有限公司出版发行

地址：北京市朝阳区百子湾东里 A407 号楼　邮政编码：100124

销售电话：010—67004422　传真：010—87155801

http://www.c-textilep.com

中国纺织出版社天猫旗舰店

官方微博 http://weibo.com/2119887771

天津千鹤文化传播有限公司印刷　　各地新华书店经销

2023 年 10 月第 1 版第 1 次印刷

开本：710×1000　1/16　印张：12.5

字数：212 千字　定价：98.00 元

前 言
PREFACE

随着计算机视觉和机器学习领域的快速发展，基于视觉的目标跟踪与定位成了一个备受关注的研究领域。在现实生活中，准确地定位和跟踪目标对于许多应用来说至关重要，包括自动驾驶、智能监控、无人机导航等。因此，开发出高效、准确的目标跟踪与定位方法具有重要的实际意义和广泛的应用前景。

本研究旨在探索基于视觉的目标跟踪与定位技术，并提出一种创新的方法来解决该问题。本论文基于视觉信息，使用图像处理、深度学习和计算机视觉的技术手段，通过对目标的特征提取、图像增广、目标检测和深度估计等手段和方法，实现对运动目标的准确跟踪和定位。

第一章为导论部分，主要介绍了研究的背景和动机。本章还对目标跟踪与定位领域的研究现状进行了概述，介绍了相关的研究成果和存在的问题。

第二章介绍了基于视觉的目标定位与跟踪的理论基础。首先，我们探讨了图像增广方法，这些方法可以扩充训练数据集并提高模型的鲁棒性。其次，我们详细介绍了基于深度学习的目标检测方法，包括常用的卷积神经网络架构和检测算法。最后，我们研究了单目视觉系统的深度估计方法，旨在通过单个摄像头获取目标的三维位置信息。

第三章提出了基于分层码本模型的运动目标监测方法。首先，我们介绍了码本模型的概念。其次，介绍了通过块截断编码理论构造分层码本的方法。最后，我们探讨了基于图像金字塔的分层码本模型，该模型能够对目标进行多角度地描述和跟踪。

第四章介绍了基于视觉的运动目标跟踪算法。我们先对运动目标跟踪算法进行了分类，包括基于颜色信息的粒子滤波跟踪算法。然后利用这种算法对于目标在颜色空间中的特征进行跟踪，通过对目标颜色模型的建模和更新来实现准确跟踪。

第五章介绍了改进的 KCF（Kernelized Correlation Filters）运动目标跟踪算法。首先，我们介绍了 KCF 目标跟踪算法的概念，该方法通过将目标和搜索区域的特征进行相关性滤波来实现目标跟踪。其次，我们详细讨论了 SIFT（Scale-Invariant Feature Transform）特征提取算法，它能够提取具有尺度不变性的特征。最后，我们提出了改进的 KCF 算法，通过结合 SIFT 特征和自适应权重策略，提高了目标跟踪的准确性和鲁棒性。

第六章介绍了基于神经网络与异构协同平台的视觉导航方法。首先，我们介绍了基于多层特征尺度稳定器的视觉里程计，该方法通过对连续图像帧之间的特征匹配和运动估计，实现对机器人行进路径的估计。其次，我们介绍了基于多层特征尺度稳定器的目标跟踪框架，该框架能够在复杂环境下稳定地跟踪目标。最后，我们探讨了地空协同异构视觉导航方法，通过结合地面相机和空中无人机的视觉信息，实现了更强大的导航能力和应用场景拓展。

本研究综合了图像处理、深度学习、计算机视觉和机器学习等多个领域的知识和技术，并提出了一系列创新的方法来解决基于视觉的目标跟踪与定位问题。实验证明，本研究提出的方法在准确性、鲁棒性和实时性方面都取得了显著的效果。本研究的成果对于推动自动驾驶、智能监控、无人机导航等领域的发展具有重要的实际应用价值。

希望本书能够为基于视觉的目标跟踪与定位研究提供新的思路和方法，促进相关领域的学术交流和技术创新。同时，也希望本研究能够激发更多研究者对基于视觉的目标跟踪与定位的兴趣，推动该领域的进一步发展和应用。在未来的研究中，可以进一步探索如何结合其他传感器信息，如雷达、激光雷达等，以提高目标跟踪与定位的精度和鲁棒性。此外，还可以研究如何应对复杂场景下的挑战，例如目标遮挡、光照变化和动态背景等问题。

希望本研究能够为学术界和工业界提供有益的信息和见解，并为基于视觉的目标跟踪与定位研究的发展做出一定的贡献。最后，祝愿本文的读者们能够从中获得启发，激发创新思维，进一步推动该领域的发展，为构建智能、高效的视觉导航系统做出更大的努力和贡献。

著者

2023 年 6 月

目　录
CONTENTS

第一章　导论

第一节　研究背景

在当今信息时代，随着计算机存储容量和处理能力的迅速增强，计算机在处理各种信息方面已经取得了巨大的进展。人类从自然界中获取的信息中，视觉信息占据了 70% 以上的比例，而听觉、触觉和嗅觉等其他感官信息的占比较少。因此，利用计算机来处理视觉信息，实现对图像和视频的感知和理解，一直是研究者们关注的热点问题。这便催生了计算机视觉这门多学科交叉技术，涉及人工智能、模式识别、数字图像处理、机器学习和数字信号处理等众多领域的知识。

在计算机视觉领域中，智能视频监控技术是一个前沿的研究方向。它能够实时地对场景中感兴趣的目标进行检测、定位和跟踪，并通过对目标行为的分析和理解来实现行为预测。这种技术已经成功应用于安防、商业、交通、军事、航空航天等众多领域。

在安防领域中，智能视频监控技术可以用于检测目标的异常行为、实现目标在多个摄像头之间的联动跟踪等，提高了安防系统的效果和效率；在智能交通监控系统中，它可以智能监控道路上的异常情况、车速、车流量等信息，提升交通管理的能力；在商场视频监控系统中，它可以收集人流量信息，进行人流量统计和管理，优化商场运营；在军事领域中，智能视频监控技术可以用于监视和跟踪飞机、舰艇、导弹等运动目标，提高军事情报收集和作战决策的能力。

智能视频监控系统作为当前数字化分布式网络视频监控的新兴力量，代表了监控行业的未来发展方向。它具有极高的研究价值和经济效益，因此受到世界各国学术界、产业界和管理部门的高度重视。

不同应用场景下的智能视频监控系统可能有一些差异，但其基本原理和关键技术是相似的。一般而言，智能视频监控系统包括图像采集、数据通信、视频图像处理、决策报警以及反馈控制系统等主要部分。其中，视频图像处理是智能视频监控系统的核心技术，主要包括运动目标检测、运动目标跟踪和运动行为分析等关键步骤。

为了实现更加准确、高效和智能的视频监控系统，研究者们致力于不断改进和优化视频图像处理的算法和技术。这包括图像增广方法的应用，通过对图像进行增强和变换来提高目标检测和跟踪的准确性和鲁棒性；基于深度学习的目标检测方法的研究，利用深度神经网络结构和大规模标注数据来实现高效且准确的目标检测；单目视觉系统的深度估计方法，通过从单张图像中推测出场景的深度信息，进一步提升目标跟踪和行为分析的性能；以及基于分层码本模型的运动目标监测方法，通过建立运动目标的编码模型和比对算法，实现对目标运动行为的准确分析。

图 1-1 展示了智能视频监控系统的基本架构，包括图像采集、数据通信、视频图像处理、决策报警以及反馈控制系统等模块。图像采集模块用于获取场景中的图像或视频数据；数据通信模块负责数据的传输和交换；视频图像处理模块是核心部分，通过运动目标检测、跟踪和行为分析等技术对图像或视频进行处理；决策报警模块基于分析结果做出决策和生成报警信号；反馈控制系统模块负责执行相应的控制策略，如调整摄像头的角度或触发其他设备的操作。

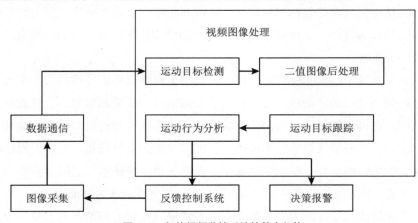

图 1-1　智能视频监控系统的基本架构

通过不断改进和创新，可以提高视频监控系统的性能和效能，为安防、交通、商业等领域的管理和安全做出贡献。图 1-1 所示的智能视频监控系统框架为研究者们提供了一个指导和参考，通过在各个模块中运用先进的图像处理算法和技术，可以进一步推动智能视频监控技术的发展和应用。

第二节　研究综述

一、视频运动目标检测技术现状

目标检测是智能视频监控的基础步骤，通过识别和定位感兴趣的目标（如车辆或人）来实现对视频图像序列的分析和理解。能否准确无误地检测出真正的运动目标是衡量算法成功与否的主要标准之一。然而，由于场景的复杂性和存在的噪声干扰，如风吹树枝、光照变化、摄像头静止或运动等因素，建立一个适应各种情况的优秀检测算法十分具有挑战性。

目前，常用的视频运动目标检测算法主要包括光流法、帧差法和背景差法。此外，为了解决非参数背景模型计算量大的问题，研究人员提出了一种基于码本模型的背景建模方法。

（一）光流法

光流法是基于图像亮度不变的假设，通过计算连续几帧图像之间像素灰度值的变化来估计像素的运动大小和方向。光流法在静止摄像头的情况下效果良好，但由于只利用光流数据，其对光流场的精度有一定的限制，导致得到的运动目标边缘精度较低，前景与背景的分割不完整。然而，在摄像头运动的情况下，光流法仍然是一种主要的运动目标检测方法，因为摄像头运动时场景不断变化，其他算法很难适应这种情况。

首先，光流法的基本原理是通过计算相邻图像中像素灰度值的变化来估计像素的运动矢量。光流法假设相邻图像之间的像素灰度值保持不变，通过建立亮度恒定约束方程并求解方程组得到光流场。传统的光流法包括基于亮度梯度的方法和基于相关性的方法。基于亮度梯度的方法通过计算图像的梯度信息来估计光流场，如 Lucas-Kanade 方法；基于相关性的方法通过计算图像的亮度相关性来估计光流场，如 Horn-Schunck 方法。

然而，传统的光流法存在一些限制。首先，光流法基于亮度恒定假设，对光照变化和阴影等场景变化敏感。其次，光流法对纹理缺乏明显的区域，如平滑区域和无纹理区域，估计结果较差。最后，光流法在存在在运动模糊、快速运动或遮挡等情况下也会出现精度下降的问题。

为了克服这些问题，研究者们提出了许多改进的光流法算法。其中，基于多尺度的光流法被广泛应用，通过在不同尺度上计算光流，提高对不同尺度的运动目标的检测能力。另外，稠密光流法通过在整个图像上计算光流，得到像素级的运动信息，进一步提高了运动目标的检测精度。此外，基于能量最小化的方法和基于深度学习的方法也得到了研究和应用。这些改进方法在光流计算的精度、鲁棒性和实时性方面取得了一定的突破。

此外，光流法还常与其他目标检测技术相结合，如物体识别、背景建模和运动估计等方法，以提高运动目标的检测性能。例如，将光流法与卡尔曼滤波、粒子滤波等方法相结合，实现对运动目标的跟踪和预测。还有一些基于深度学习的光流法，利用深度神经网络提取特定的特征表示和学习，进一步提升了光流的准确性和鲁棒性。

最近的研究趋势还包括将光流法应用于特定场景下的运动目标检测，如无人机跟踪、行人检测等。针对特定场景的特点，研究者们提出了一些有针对性的改进方法，例如结合运动模型、利用上下文信息、考虑目标形状约束等。这些方法使得光流法在特定场景下的运动目标检测更加精确和稳定。

另外，随着硬件技术的发展，如计算机视觉芯片和嵌入式设备的提升，光流法的实时性得到了很大的提高。现代的光流算法结合了优化算法、并行计算和硬件加速等技术，能够在实时视频处理和嵌入式系统中进行高效的运动目标检测。

综上所述，光流法作为一种经典的视频运动目标检测技术，在研究和应用中得到了广泛的关注。虽然光流法存在一些局限性，但通过改进算法、结合其他技术和适应特定场景，光流法在提高准确性、鲁棒性和实时性方面不断取得进展。未来，随着计算机视觉和人工智能的发展，我们可以期待光流法在视频运动目标检测领域发挥更加重要和优越的作用。

（二）帧差法

帧差法是一种常见的视频运动目标检测技术，其原理是通过计算相邻帧之间像素的差异来提取运动目标的轮廓。这种方法主要适用于静态背景下的运动目标检测，它的计算简单且实时性较好，因此在一些对实时性要求较高的应用中得到了广泛应用。

首先，帧差法通过比较相邻帧像素的差异来检测运动目标的变化区域。一般情况下，我们可以计算相邻帧之间的像素差值，并设置一个阈值来判断像素是否属于运动目标。超过阈值的像素将被标记为前景，表示目标的运动区域。

其次，为了提高帧差法的性能，研究者们提出了一些改进方法。例如，自适应阈值方法可以根据场景的动态变化自动调整阈值，以适应光照和背景噪声的变化。此外，一些基于背景建模的方法可以通过建立背景模型来更准确地区分前景和背景，并提高目标检测的精度。

再次，帧差法在处理复杂环境时存在一些挑战。当场景中存在复杂的背景变化、阴影效应或相机抖动时，帧差法容易产生误检测或漏检测。此外，帧差法无法提供目标的运动方向和速度信息，仅能提供目标的运动区域。

最后，近年来，随着深度学习的发展，一些基于深度学习的方法被引入帧差法中，以提高目标检测的精度和鲁棒性。通过利用深度神经网络对帧差图像进行学习和特征提取，可以更准确地提取运动目标的轮廓，并区分目标与背景。这些方法在一定程度上克服了传统帧差法的局限性。

尽管帧差法在复杂环境下存在一定的局限性，但通过改进算法、引入背景建模和深度学习等技术，其性能得到了一定的提升。未来，随着计算能力和算法的不断发展，帧差法在视频运动目标检测领域仍然具有一定的研究价值。

（三）背景差法

背景差法是一种常用的视频运动目标检测技术，通过对当前帧图像与背景模型图像进行差运算，可以获得运动目标的二值化图像。

首先，背景建模方法是背景差法的关键。用传统的均值滤波方法对连续帧像素值进行平均计算，可以得到背景模型。然而，对于存在大量动态纹理的场景，均值滤波方法的效果较差，容易产生噪点和模糊的背景模型。为了解决这个问题，研究人员提出了各种改进方法。例如，基于自适应背景模型的背景差法采用变动的背景模型来适应动态纹理，提高了背景建模的准确性。

其次，高斯背景模型是背景差法的一种常见方法。该方法假设背景像素值服从高斯分布，并通过建立像素值的概率模型来进行背景建模。然而，高斯背景模型对于动态背景的适应性有限，容易导致错误检测。为了改进高斯背景模型，研究人员提出了一些改进算法，如自适应混合高斯模型（Adaptive Mixture of Gaussians，AMG）和基于自适应权重更新的高斯背景模型等。

再次，非参数背景建模是一种基于统计分类思想和视频压缩理论的背景建方法。该方法通过为图像中的每个像素建立由多个码字组成的码本，并根据像素值的亮度范围和色彩失真度进行聚类，从而提取前景目标。非参数背景模型具有较强的适应性和鲁棒性，在处理动态背景和复杂场景时表现出良好的效果。

最后，研究人员还致力于提高背景差法的实时性和效率。随着视频数据量的增加和实时应用需求的提升，快速准确的目标检测算法变得尤为重要。因此，研究人员通过优化算法、使用并行计算和硬件加速等方法，不断提高背景差法的计算速度和处理效率。

通过改进算法和优化背景建模方法，背景差法在运动目标检测领域取得了一些研究进展。然而，背景差法仍然面临一些挑战和限制。

二、视频目标跟踪技术的发展现状

视频目标跟踪是计算机视觉领域的一个重要研究方向，旨在对运动目标在视频序列中进行实时、准确的跟踪。视频目标跟踪技术的发展对于诸如视频监控、自动驾驶、增强现实等应用具有重要意义。然而，由于目标的外观和运动的复杂性，视频目标跟踪仍然面临许多挑战，如目标遮挡、光照变化、背景干扰等。为了解决这些问题，研究者们提出了各种创新的视频目标跟踪技术。

（一）基于颜色特征的跟踪方法

基于颜色特征的跟踪方法是视频目标跟踪中常用的一种技术。它通过提取目标的颜色特征并对其进行建模，实现对目标的跟踪。其中，均值漂移法是一种常见的基于颜色特征的跟踪算法。它使用图像颜色概率的分布特征对目标进行建模，并通过计算目标颜色的均值漂移来实现跟踪。另外，改进的均值漂移算法如Cam-shift算法能够自动调节窗口以适应目标尺寸的变化，提高跟踪的鲁棒性。

首先，基于颜色特征的跟踪方法的核心思想是提取目标的颜色信息，并对其进行建模和跟踪。颜色是一种直观且易于获取的特征，对于许多场景中的目标跟踪具有良好的效果。在目标跟踪过程中，首先需要选择合适的颜色空间来表示目标的颜色特征，常用的颜色空间包括RGB（红绿蓝）、HSV（色相饱和度亮度）和YUV（亮度色差）等。然后，对目标区域的颜色分布进行建模，利用概率密度函数、直方图等方式来表示颜色特征。

其次，均值漂移法是基于颜色特征的跟踪方法中的一种经典算法。它通过计算目标颜色的均值漂移来实现对目标的跟踪。均值漂移算法首先选择一个初始的跟踪窗口，然后在每一帧中更新目标颜色的概率分布模型，通过计算颜色概率分布的均值来得到目标的新位置。这个过程会不断迭代，直到满足停止准则。然而，传统的均值漂移算法在处理目标尺寸变化、目标遮挡和光照变化等问题时存在一定的局限性。

进一步改进的均值漂移算法，如 Camshift 算法，可以自动调节窗口大小以适应目标尺寸的变化，提高了跟踪的鲁棒性。Camshift 算法引入了一个权重函数来平衡颜色直方图的贡献，使得算法更加灵活。通过不断调整窗口大小和位置，Camshift 算法能够适应目标的运动和变形，从而实现更准确的目标跟踪。

基于颜色特征的跟踪方法面临一些挑战和问题。例如，当目标颜色与背景颜色相似或存在多个颜色近似的目标时，传统的基于颜色特征的跟踪方法可能无法准确跟踪目标。快速运动的目标会引发模糊问题，导致颜色特征提取不准确。光照变化和阴影也会对基于颜色特征的跟踪方法产生干扰，使得目标的颜色分布发生变化，进而影响跟踪的准确性。

为了克服这些问题，研究者们提出了许多改进和扩展的基于颜色特征的跟踪方法。一种常见的方法是结合多种特征，如纹理、形状和运动信息，以提高跟踪的鲁棒性。例如，可以将颜色特征与纹理特征相结合，利用目标区域的纹理信息提高跟踪的准确性。此外，使用自适应的颜色模型也是一种改进的策略，它能够根据目标和背景之间的颜色差异自动调整颜色模型，从而适应不同场景下的跟踪需求。

近年来，深度学习在视频目标跟踪领域也取得了显著进展。深度学习模型能够自动学习特征表示，对于复杂的目标跟踪任务具有很好的性能。基于深度学习的方法利用卷积神经网络（CNN）或循环神经网络（RNN）等模型进行特征提取和目标跟踪。例如，可以使用卷积神经网络来提取目标区域的特征表示，并通过递归神经网络实现目标的时序建模和跟踪。

另外，传统的基于颜色特征的跟踪方法还可以结合其他视觉特征进行改进，如形状特征、运动特征和空间约束等。综合利用这些特征能够提高跟踪算法的鲁棒性和准确性。此外，随着计算机硬件的发展和算法的优化，基于颜色特征的跟踪方法也逐渐朝实时性和高效性方向发展。

（二）基于形状特征的跟踪方法

基于形状特征的跟踪方法侧重于提取目标的形状信息，并利用形状特征进行目标跟踪。常用的方法包括基于模板匹配的形状跟踪和基于轮廓的形状跟踪。模板匹配方法通过与目标模板匹配来实现跟踪，而轮廓方法则通过提取目标的边界轮廓并对其进行建模来实现跟踪。这些方法能够有效地捕捉目标的形状信息，提高跟踪的准确性和鲁棒性。

首先，基于模板匹配的形状跟踪是一种常用的方法。该方法首先通过手动选择或自动检测目标的初始位置，在初始帧中提取目标的形状信息作为模板。然后，通过在后续帧中搜索与模板匹配的目标位置，实现对目标的跟踪。模板匹配可以使用不同的度量方法，如相关性匹配和灰度差异匹配，来度量目标与候选位置之间的相似性。在跟踪过程中，模板可以根据目标的形变进行更新和调整，以适应目标的外观变化。

其次，基于轮廓的形状跟踪是另一种常见的方法。该方法通过提取目标的边界轮廓，并对轮廓进行建模来实现跟踪。轮廓可以通过边缘检测算法或分割算法来提取，如 Canny 边缘检测、边缘链码或分水岭算法。一旦获取了目标的轮廓，可以使用形状描述符来表示和比较不同的轮廓形状。常用的形状描述符包括 Hu 矩、Zernike 矩和 Fourier 描述符等。通过比较目标轮廓与候选位置的轮廓形状相似度，可以确定目标的最佳跟踪位置。

基于形状特征的跟踪方法在视频目标跟踪中具有一些优势和挑战。一方面，形状特征通常对目标的变形和外观变化具有较好的鲁棒性，使得跟踪算法能够在目标形状发生变化时仍能保持准确性。另一方面，形状特征提供了对目标结构和轮廓的描述，使得跟踪算法能够更好地抓住目标的几何形状信息。

为了应对这些挑战，研究者们提出了一些改进和创新的方法。首先，一种常见的改进方法是将形状特征与其他特征信息相结合，如颜色特征、纹理特征和运动特征等。综合多种特征信息，可以提高跟踪算法的鲁棒性和准确性。其次，一些研究工作提出了自适应的形状建模和更新策略，以应对目标形状的变化和外观变化。这些方法根据目标的运动和外观变化，动态地调整形状模型，从而更好地适应目标的变化。最后，一些基于学习的方法利用机器学习和深度学习技术，通过训练模型来学习目标的形状特征，从而提高跟踪的性能。这些方法可以自动地学习目标的形状表示，并在跟踪过程中进行调整和更新。

（三）基于区域特征的跟踪方法

基于区域特征的跟踪方法关注目标在图像中所占的区域，并利用区域特征进行目标跟踪。常见的方法包括基于区域的光流跟踪和基于区域的外观模型跟踪。区域光流跟踪方法通过计算目标区域内像素的运动信息来实现跟踪，而外观模型跟踪方法则通过学习目标区域的外观特征并建立外观模型来实现跟踪。这些方法能够对目标进行准确的位置估计和运动分析。

首先，基于区域的光流跟踪方法是一种常见的技术，它通过计算目标区域内像素的运动信息来实现对目标的跟踪。光流是描述图像中像素运动的矢量场，基于光流的跟踪方法可以通过分析像素的运动来推断目标的位置和运动状态。这些方法通常使用光流算法，如 Lucas–Kanade 算法或 Horn–Schunck 算法，来计算像素的运动矢量。然后，根据目标区域内像素的光流信息，可以推断目标的运动方向、速度和位置，从而实现对目标的跟踪。

其次，基于区域的外观模型跟踪方法是另一类基于区域特征的跟踪技术。这种方法通过学习目标区域的外观特征并建立外观模型来实现对目标的跟踪。外观模型可以是目标区域的颜色直方图、纹理特征或其他视觉特征的表示。在跟踪过程中，通过与目标区域的外观模型进行比较或匹配，可以估计目标在当前帧中的位置和状态。常用的算法包括相关滤波器、支持向量机和深度学习方法等，它们可以利用目标区域的外观信息来检测和跟踪目标。

基于区域特征的跟踪方法具有一些优势和挑战。首先，这些方法可以对目标进行准确的位置估计和运动分析，特别适用于复杂场景中目标位置变化较大或遮挡较多的情况。其次，区域特征可以提供更丰富的目标信息，如目标的形状、纹理、颜色等，有助于提高跟踪的准确性和鲁棒性。然而，基于区域特征的跟踪方法也存在一些挑战。例如，当目标区域发生形变、尺度变化或者存在遮挡时，基于区域特征的跟踪方法可能面临困难。此外，目标区域的特征提取和建模也需要考虑计算效率和实时性的要求。

为了应对这些挑战，研究者们提出了一系列改进和优化的方法。首先，在基于区域的光流跟踪中，一些算法引入了多尺度的光流计算，通过在不同尺度下进行光流估计，可以适应目标尺度的变化，提高跟踪的鲁棒性。其次，一些方法结合了目标区域的外观信息和运动信息，将外观模型和光流模型进行联合建模和优化，以实现更准确的目标跟踪。

在基于区域的外观模型跟踪中，一些研究工作探索了更复杂的特征表示和模型学习方法。例如，引入深度学习技术可以提取更高级别的语义特征，从而提高目标外观模型的准确性和鲁棒性。同时，结合在线学习和自适应更新的策略，可以在跟踪过程中动态调整外观模型，适应目标的外观变化。

最后，还有一些研究探索了基于区域特征的跟踪方法与其他跟踪技术的结合。

例如，基于区域的跟踪和基于特征点的跟踪相结合，可以提供更全面的目标描述和位置估计。同时，引入时空信息和上下文信息，可以增强对目标运动和位置的推断能力。

通过充分利用目标区域的信息，这些方法可以实现对目标位置、形状和运动状态的准确估计。然而，仍然存在一些挑战需要克服，包括目标形变、尺度变化和遮挡等问题。未来的研究方向可以探索更强大的特征表示和学习方法，并结合多种跟踪技术进行综合优化，以提高视频目标跟踪的性能和鲁棒性。

（四）基于点特征的跟踪方法

基于点特征的跟踪方法主要关注目标的关键点或角点，并利用这些点特征进行跟踪。常见的方法包括基于兴趣点的跟踪和基于特征描述子的跟踪。兴趣点跟踪方法通过检测目标关键点并跟踪它们的运动来实现目标跟踪，而特征描述子跟踪方法则通过提取目标周围区域的特征描述子并匹配它们来实现跟踪。这些方法能够在目标出现形变或遮挡的情况下进行稳定的跟踪。

基于点特征的跟踪方法在视频目标跟踪中具有重要作用。这些方法通过检测和跟踪目标的关键点或角点来实现对目标的定位和跟踪。下面将详细介绍基于兴趣点的跟踪和基于特征描述子的跟踪两种主要方法，并探讨它们的研究现状。

首先，基于兴趣点的跟踪方法。这种方法主要关注图像中的关键点，如角点、边缘点等具有显著性质的点。它们通常具有良好的不变性和重复性，可以用于定位和匹配目标。兴趣点的跟踪方法通过在连续帧之间检测和匹配这些关键点来跟踪目标。其中，常用的兴趣点检测算法包括 Harris 角点检测、FAST 角点检测、SIFT 特征点检测等。在跟踪过程中，一些算法结合了运动模型和优化方法，例如光流法、卡尔曼滤波等，以估计目标的位置和运动状态。此外，一些方法还引入了自适应权重和尺度变换等策略，以提高兴趣点跟踪的鲁棒性。

其次，基于特征描述子的跟踪方法。这种方法主要关注目标周围区域的特征描述子，如 SIFT、SURF、ORB 等。这些特征描述子具有良好的不变性和区分性，能够准确地描述目标的局部特征。基于特征描述子的跟踪方法通过提取目标周围区域的特征描述子，并在连续帧之间进行匹配和跟踪。其中，常用的匹配算法包括基于最近邻匹配、RANSAC 算法等。一些方法还结合了运动模型和外观模型，通过对特征描述子进行优化和更新，以实现稳定的目标跟踪。此外，随着深度学习的发展，一些研究工作将深度学习应用于特征描述子的生成和匹配，取得了较好的跟踪效果。

基于点特征的跟踪方法具有一定的优势，如对目标形变和遮挡的鲁棒性较强、计算效率较高等。然而，它也存在一些挑战和限制。例如，关键点的选择和匹配可能受到图像噪声、光照变化和目标姿态变化的影响，导致跟踪失败或不稳定。此外，关键点的数量和分布对跟踪的准确性和效率也有一定影响，因此如何选择合适的关键点是一个关键问题。另外，对于复杂的场景和快速运动的目标，基于点特征的跟踪方法可能会遇到困难，因为关键点的数量和分布可能不足以描述目标的运动。

在基于点特征的跟踪方法的研究中，一些方向值得关注和探索。首先，改进关键点检测和描述子生成算法，以提高关键点的鲁棒性和描述能力。这可以通过引入更多的上下文信息、采用学习 -based 的方法或结合深度学习技术来实现。其次，发展更加高效和准确的关键点匹配算法，以应对目标尺度变化、视角变化和遮挡等情况。这可以通过利用优化算法、基于几何约束的方法和深度学习方法来实现。最后，结合运动模型和外观模型，以实现更稳定和鲁棒的目标跟踪也是一个研究方向。通过结合多个特征来源和引入更复杂的模型，可以提高跟踪的准确性和鲁棒性。

通过兴趣点的检测和特征描述子的提取与匹配，可以实现对目标的定位和跟踪。然而，该方法仍然面临一些挑战，如关键点的选择和匹配问题以及复杂场景和快速运动目标的跟踪困难。未来的研究方向应聚焦于改进关键点检测和描述子生成算法、提高关键点匹配的准确性和鲁棒性，以及结合运动模型和外观模型实现更稳定的目标跟踪。

（五）均值漂移法

均值漂移法是一种常用的视频目标跟踪算法，它是一种无参数的基于核密度的快速模式匹配算法。均值漂移法通过计算目标颜色的概率分布特征来实现目标跟踪，其核心思想是通过不断更新目标颜色的均值来逐步逼近目标的位置。其中，Camshift 算法是对传统均值漂移算法的改进，能够自动调节窗口大小以适应目标尺寸的变化，提高跟踪的精度和稳定性。

均值漂移法的核心思想是通过对目标颜色的概率分布进行建模来实现对目标的跟踪。最早的均值漂移算法是由 Fukunaga 和 Hostetler 于 1975 年提出的。它通过在目标区域内计算像素颜色的概率分布，并不断更新目标颜色的均值来逐步逼近目标的位置。该方法具有良好的鲁棒性和实时性，适用于处理简单背景和静止摄像机的场景。

　　然而，传统的均值漂移算法存在一些问题，例如在处理目标尺寸变化和目标遮挡时效果较差。为了解决这些问题，研究者们提出了一系列改进的均值漂移算法。其中最著名的算法之一是 Camshift（Continuously Adaptive Mean Shift）算法，由 Gary Bradski 于 1998 年提出。Camshift 算法通过引入颜色直方图的梯度信息，自适应地调整搜索窗口的大小和形状，以适应目标的尺寸和形状变化。这使得 Camshift 算法在处理尺寸变化和目标遮挡时更具鲁棒性。

　　除了 Camshift 算法，还有许多其他改进的均值漂移算法被提出。例如，基于颜色空间的多尺度均值漂移算法（MS-Shift）通过在多个尺度上进行均值漂移操作，实现对尺寸变化较大的目标的跟踪。基于边缘特征的均值漂移算法（ES-Shift）结合颜色和边缘信息来提高跟踪的准确性。此外，还有一些基于统计学习的方法，如基于支持向量机的均值漂移算法（SVM-Shift）和基于卷积神经网络的均值漂移算法（CNN-Shift），它们利用机器学习技术来改进均值漂移算法的性能。

（六）卡尔曼滤波法

　　卡尔曼滤波法是一种常用的视频目标跟踪技术，它基于线性动态系统的估计理论，通过动态系统的状态方程和观测方程来描述目标的运动行为，并利用卡尔曼滤波方程对目标状态进行实时估计。

　　首先，卡尔曼滤波法的核心思想是通过对目标状态进行递归估计，结合运动模型和观测信息来预测和更新目标的状态。在视频目标跟踪中，通常将目标的位置和速度作为状态向量，并根据目标的运动模型进行状态的预测。通过观测目标在图像中的位置或其他特征，利用观测方程对状态进行更新，从而得到目标的最优估计结果。

　　其次，研究者们对卡尔曼滤波法在视频目标跟踪中进行了一系列的改进和扩展。一方面，针对非线性运动模型的情况，扩展卡尔曼滤波（Extended Kalman Filter，EKF）和无迹卡尔曼滤波（Unscented Kalman Filter，UKF）等方法被提出。这些方法通过在状态预测和更新过程中引入线性化或采样的方式，处理非线性运动模型，提高目标跟踪的准确性。

　　另一方面，为了解决观测噪声和运动模型误差对跟踪性能的影响，研究者们提出了自适应卡尔曼滤波（Adaptive Kalman Filter）和扩展自适应卡尔曼滤波（Extended Adaptive Kalman Filter）等方法。这些方法通过动态调整卡尔曼滤波器的参数，根据观测误差和运动模型的可靠性权衡状态的预测和更新过程，提高目标跟踪的鲁棒性和适应性。

此外，卡尔曼滤波法还与其他跟踪技术进行了结合和融合，以进一步提高跟踪性能。例如，卡尔曼滤波法与粒子滤波器相结合，形成了卡尔曼粒子滤波（Kalman Particle Filter）方法，充分利用了卡尔曼滤波法的精确性和粒子滤波器的灵活性。另外，结合卡尔曼滤波法与其他特征提取方法也是研究的重点。例如，将卡尔曼滤波法与颜色、纹理、形状等特征进行融合，形成多特征卡尔曼滤波（Multiple Feature Kalman Filter）方法，以提高目标的表示能力和跟踪的准确性。同时，卡尔曼滤波法还可以与深度学习技术相结合，利用深度神经网络提取更丰富的特征表示，从而提高跟踪的性能。

近年来，研究者们还关注卡尔曼滤波法在目标跟踪中的实时性和计算效率问题。针对这一问题，提出了一些改进算法，如快速卡尔曼滤波（Fast Kalman Filter）和增量式卡尔曼滤波（Incremental Kalman Filter）。这些方法通过对卡尔曼滤波器的更新策略和计算步骤进行优化，降低计算复杂度，实现对目标的实时跟踪。

综上所述，卡尔曼滤波法作为一种常用的视频目标跟踪技术，经过多年的研究与改进，在动态系统估计领域取得了显著的进展。研究者们不断探索卡尔曼滤波法在非线性模型、自适应性、多特征融合以及实时性等方面的改进和应用，以提高目标跟踪的准确性、鲁棒性和实时性。这些研究成果为视频目标跟踪技术的发展和应用提供了有力支持。

（七）粒子滤波跟踪法

粒子滤波跟踪法是一种基于概率推断的非线性滤波方法，在视频目标跟踪中得到了广泛应用。它的核心思想是利用一组具有权重的粒子来近似描述目标的先验概率分布，并通过观测数据的更新来递推目标的后验概率分布。粒子滤波跟踪法能够处理非线性系统和非高斯分布的问题，在复杂的跟踪场景下表现出良好的鲁棒性。

粒子滤波跟踪算法的主要步骤包括：初始化粒子群、预测粒子状态、计算粒子权重、重采样和更新目标状态。首先，在初始化阶段，根据先验信息生成一组随机的粒子，并赋予每个粒子一个初始权重。其次，在每个时间步骤中，通过预测模型对粒子进行状态预测，例如利用运动模型和动态特性来估计目标的位置和速度。再次，根据观测数据计算粒子的权重，权重表示粒子与观测数据的一致程度。在重采样阶段，根据权重对粒子进行重采样，使得高权重的粒子得到更多的保留，而低权重的粒子则被淘汰。最后，根据重采样后的粒子群更新目标状态的估计量，例如通过计算粒子的加权平均值来估计目标的位置和速度。

粒子滤波跟踪算法中最常用的观测模型是基于颜色特征的模型，即通过比较目标区域的颜色特征与候选区域的颜色特征来计算粒子权重。然而，基于颜色特征的观测模型存在一些问题，例如，当多个目标颜色相似或目标颜色与背景颜色相似时，会降低跟踪的准确性。为了解决这些问题，研究者们提出了其他类型的观测模型，如基于纹理特征、形状特征和深度特征等，以提高跟踪的准确性和鲁棒性。

第二章 基于视觉的目标定位与跟踪理论基础

第一节 图像增广方法

一、几何变换增广

几何变换是计算机视觉变换方法中常用的一种手段，几何变换利用变换函数对样本进行一系图像映射变换，从而生成带有空间位移、姿态旋转以及尺度拉伸等特点的"新"图像训练样本集。

（一）图像像素的平移操作

平移变换是一种常见的几何变换操作，它将图像中的像素沿指定的方向平移一定的距离。通过平移变换，可以模拟目标在图像中的位置变化的情况，从而增加目标定位和跟踪模型对位置变化的鲁棒性。

首先，平移变换是通过将图像中的每个像素沿指定方向进行移动来实现的。平移操作可以分为水平平移和垂直平移两种类型。水平平移将图像中的像素在水平方向上移动，垂直平移将像素在垂直方向上移动。这样，图像中的每个像素都相对于原始位置发生了平移，从而整个图像的位置发生了变化。

其次，平移变换可以应用于目标定位和跟踪任务中。在目标定位任务中，平移变换可以用于生成训练样本，通过将目标的位置在图像上进行平移，得到不同位置的目标样本。这样可以扩充训练数据集，提高模型的泛化能力和鲁棒性。在目标跟踪任务中，平移变换可以用于修正目标位置的偏差，通过对当前帧图像进行平移操作，将目标位置与预测位置对齐，从而实现对目标的准确跟踪。

再次，平移变换的实现可以通过对图像的像素进行逐个操作来完成。对于每个像素，将其在水平和垂直方向上进行平移，然后计算得到新的位置，并将原始像素值赋给新位置的像素。这样，就实现了整个图像的平移变换。平移距离可以根据需求进行调整，可以是固定的值，也可以根据目标位置的变化进行自适应调整。

最后，平移变换在图像增广中扮演重要角色。通过对训练样本进行平移变换，可以增加数据的多样性，从而提高模型的泛化能力。此外，平移变换还可以用于数据增强，生成更多的训练样本，增加模型的鲁棒性和稳定性。在实际应用中，平移变换通常与其他几何变换方法结合使用，以获得更丰富的数据变化。

平移变换可以应用于目标定位和跟踪任务中，通过生成不同位置的训练样本或修正目标位置的偏差来提高模型的性能。实现平移变换可以逐个操作图像的像素，并根据需求调整平移距离。平移变换在图像增广中扮演重要角色，可以增加数据多样性、提高模型的泛化能力，并与其他几何变换方法结合使用以获得更丰富的数据变化。通过平移变换，目标定位与跟踪模型可以更好地适应不同位置的目标，提高其鲁棒性和准确性。

（二）图像旋转调整的操作

旋转变换是一种常见的几何变换操作，它可以将图像围绕指定的旋转中心进行旋转，从而改变图像的方向和角度。在基于视觉的目标定位与跟踪任务中，旋转变换是一项重要的图像增广方法，它可以增加训练数据的多样性，提高模型对目标旋转变化的适应性和鲁棒性。

实现图像旋转变换的关键是确定旋转中心和旋转角度。旋转中心通常是目标的中心点，也可以是图像的某个固定位置。旋转角度可以根据需求来设定，可以是固定的角度值，也可以在一定范围内随机选择，以增加数据的多样性。旋转角度可以以度数或弧度表示，具体取决于所使用的图像处理库或框架。

在实际应用中，实现图像旋转变换的方法有很多种。一种常见的方法是使用仿射变换或透视变换。这些变换方法可以通过调整变换矩阵中的旋转参数来实现对图像的旋转操作。另外，一些图像处理库和计算机视觉框架也提供了旋转函数或方法，可以直接调用这些函数来实现对图像的旋转操作。

需要注意的是，在图像旋转过程中，可能会出现旋转后的图像超出原始图像边界或出现空白区域的情况。为了解决这个问题，可以采用图像扩展、填充或裁剪的方法。图像扩展可以在旋转后的图像边界处复制边缘像素，填补空白区域，使图像保持完整。图像填充可以使用特定的像素值或通过插值方法来填充空白区域。图像裁剪可以将旋转后的图像按照原始图像的尺寸进行裁剪，去除空白区域。

图像旋转调整是一种重要的几何变换增广方法，通过模拟目标在图像中的旋转情况，提高目标定位与跟踪模型的适应能力。除了基本的旋转变换操作外，还可以结合多角度旋转、旋转插值、旋转矫正、旋转区域限制和数据平衡等技术来增强旋转变换的效果和多样性。这些方法的应用可以提高模型的鲁棒性，使其更好地应对目标旋转的挑战。

（三）改变图像尺度的调整操作

缩放变换是一种常用的几何变换操作，通过改变图像的尺度大小来模拟目标的尺度变化。在基于视觉的目标定位与跟踪中，缩放变换是一种重要的图像增广方法，可以增强模型对目标尺度变化的适应能力。在进行图像尺度调整时，可以采用以下方法和技术：

1.统一缩放

统一缩放是一种常见的几何变换增广方法，用于改变图像的尺度大小。它可以按比例缩放图像的宽度和高度，使整个图像以相同的比例因子进行缩放。这种方法简单直观，可以快速调整图像的尺度，但也存在一些局限性。

（1）原理

统一缩放可以调整图像的宽度和高度，使整个图像以相同的比例因子进行缩放。具体而言，通过乘以缩放因子，将图像的每个像素值进行相应的调整，从而改变图像的尺度。统一缩放能保持图像的宽高比不变，因此图像中的目标会以相同的比例进行缩放，而不会出现形状的失真或图像内容的拉伸。

（2）方法

统一缩放可以通过各种图像处理库和算法来实现，其中常用的方法包括：

双线性插值。在缩放过程中，根据图像像素之间的距离和灰度值的权重进行插值计算，以生成缩放后的图像。双线性插值可以平滑地调整图像尺度，减少形状失真。

最近邻插值。将每个像素的值设置为其最近邻像素的值，用于生成缩放后的图像。最近邻插值简单快速，但可能导致图像出现锯齿状边缘或像素块状结构。

（3）应用

统一缩放在目标定位与跟踪中具有广泛的应用，包括但不限于以下方面：

尺度适应。统一缩放可以将目标调整到适当的尺度，使目标定位和跟踪算法更好地适应不同尺度的目标。通过统一缩放，可以将目标统一缩放到相似的尺度，从而提高目标定位和跟踪的准确性和鲁棒性。

数据增广。统一缩放可以生成不同尺度的图像样本，用于数据增广。增加数据的多样性可以提高模型的泛化能力和鲁棒性，使目标定位和跟踪算法对不同尺度的目标更具适应性。

视觉效果处理。统一缩放可以应用于图像的视觉效果处理，如图像的放大或缩小显示。它可以用于改变图像的大小，以适应不同的显示需求。

2. 非统一缩放

非统一缩放是指根据目标的需求，对图像的宽度和高度进行不同比例的缩放。通过在不同方向上应用不同的缩放因子，可以更好地保持目标的形状和比例，从而提高模型对目标尺度变化的感知能力。非统一缩放的过程通常涉及以下几个步骤：

（1）目标感兴趣区域（ROI）提取

首先，通过目标检测或手动标注的方式，确定图像中的目标位置。这个目标位置被称为目标感兴趣区域（ROI），它是非统一缩放的操作对象。

（2）缩放因子计算

根据目标的需求和缩放策略，计算在每个方向上应用的缩放因子。这些缩放因子可以根据目标的长宽比例、尺度变化范围等进行调整。

（3）非统一缩放操作

根据计算得到的缩放因子，对图像的宽度和高度进行非统一缩放。在目标感兴趣区域内，根据相应的缩放因子对像素进行调整，保持目标的形状和比例不变。而在背景区域，可以根据需求进行相应的处理，例如进行统一缩放或保持原始尺寸。

（4）边界处理

在进行非统一缩放时，可能会导致目标超出图像边界或产生空白区域。因此，在缩放操作后，需要进行边界处理，确保目标仍然位于图像内部，并填补可能出现的空白区域。

非统一缩放，可以更好地保持目标的形状和比例，使其在不同尺度下能够保持一致。这对于目标定位与跟踪任务非常重要，因为目标的尺度变化可能会导致传统的统一缩放方法无法满足需求。非统一缩放可以增强模型对目标尺度变化的感知能力，提高目标定位与跟踪的准确性和鲁棒性。

非统一缩放作为图像增广方法中的一种几何变换增强手段，可以提高目标定位与跟踪模型对目标尺度变化的适应能力。通过在不同方向上应用不同的缩放因子，非统一缩放可以更好地保持目标的形状和比例。然而，它也面临一些挑战，包括缩放因子的选择、图像信息的失真和目标位置的调整等问题。因此，在使用非统一缩放进行图像增广时，需要综合考虑这些因素，以提高目标定位与跟踪的效果。

3. 双线性插值

在进行图像尺度调整时，常用的插值方法是双线性插值。该方法是通过对相邻像素的灰度值进行加权平均来生成缩放后的图像。双线性插值可以减少图像的锯齿状边缘和像素块状失真，提高图像质量和视觉效果。

具体而言，双线性插值基于目标图像中离目标像素最近的四个相邻像素的灰度值进行插值计算。这四个相邻像素分别位于目标像素的左上、右上、左下和右下。双线性插值通过对这四个相邻像素的灰度值进行加权平均，计算目标像素的灰度值。

插值的权重计算通常基于目标像素与相邻像素之间的距离。距离越近的相邻像素权重越高，距离越远的相邻像素权重越低。双线性插值使用线性插值的方式在水平和垂直方向上分别进行插值计算，然后对这两个方向的插值结果进行加权平均。

双线性插值的优点在于它能够减少图像的锯齿状边缘和像素块状失真，提高图像的质量和视觉效果。通过平滑插值计算，双线性插值可以生成更平滑、更真实的缩放图像，使目标在缩放后的图像中保持更好的细节和形状。

然而，双线性插值也存在一些局限性。在图像放大的过程中，由于插值计算基于有限的相邻像素，可能会导致一些细节的丢失和模糊。此外，双线性插值对于图像中存在的纹理和细微结构的保留能力有限，可能会导致一些纹理信息的模糊或失真。

4. 尺度平衡

在进行图像尺度调整时，需要注意保持数据集的尺度平衡。确保每个类别的样本在不同尺度下的数量相对均衡，避免某些类别在尺度变换后出现样本数量过多或过少的情况。这样可以提高模型的训练效果和泛化能力。

尺度平衡的重要性在于不同类别的目标在现实世界中往往存在不同的尺度范围。例如，在目标检测任务中，小型物体和大型物体在尺度上存在显著差异。如果在图像增广过程中不考虑尺度平衡，可能会导致某些类别的样本在某个尺度范围内过于密集，而在其他尺度范围内较为稀缺。这样会导致模型在训练过程中对某些尺度范围的目标缺乏充分的学习，从而影响模型在不同尺度下的性能表现。

为了实现尺度平衡，在图像增广中可以采取一些策略。首先，可以根据数据集中不同类别目标的尺度分布情况，设定合理的尺度范围和缩放因子，以确保每个类别的样本在不同尺度下都能得到充分覆盖。其次，可以根据每个类别的样本数量，对样本进行适当的复制或剪裁，使每个类别在尺度变换后的样本数量相对均衡。此外，还可以通过引入尺度平衡的权重调整机制，对不同尺度下的样本进行加权处理，以平衡不同尺度范围内的样本重要性。

尺度平衡的好处在于能够提高模型的训练效果和泛化能力。通过在图像增广过程中保持数据集的尺度平衡，模型可以更全面地学习不同尺度下目标的特征表示，从而在实际应用中更准确地进行目标定位和跟踪。此外，尺度平衡还可以增强模型对不同尺度目标的鲁棒性，使其在面对尺度变化的情况下具备更好的适应能力。

（四）图像镜像翻转操作

翻转变换是将图像进行水平或垂直翻转的操作。通过翻转变换，可以产生镜像图像，增加数据样本的多样性，同时提高模型对目标左右或上下翻转的鲁棒性。

图像镜像翻转操作可以分为水平翻转和垂直翻转两种方式。水平翻转是将图像按水平方向进行对称，即将图像左右颠倒，而垂直翻转是将图像按垂直方向进行对称，即将图像上下颠倒。通过这两种翻转操作，可以生成与原始图像镜像对称的图像样本。

图像镜像翻转的应用有以下几个方面的优势：

1. 数据增强

图像镜像翻转可以增加数据样本的多样性，扩展训练数据集。通过生成镜像样本，可以提供不同视角下的更多目标图像，使模型能够学习到目标在不同方向上的特征表示。

2. 鲁棒性提升

目标在现实世界中往往存在左右对称或上下对称的情况。图像镜像翻转操作，可以使模型在训练阶段接触到更多具有对称性质的图像样本，从而提高模型对目标左右或上下翻转时的鲁棒性。

3.目标检测与跟踪

在目标检测和跟踪任务中，图像镜像翻转可以扩展正负样本的样本空间。通过镜像翻转生成的样本，可以有效增加模型对目标在不同方向上的检测和跟踪能力。

4.减轻侧重性

某些目标检测或分类模型在训练过程中可能存在左右或上下侧重的问题，即模型倾向于更好地识别特定方向的目标。通过应用图像镜像翻转操作，可以平衡模型对不同方向上目标的关注，减轻侧重性产生的影响。

需要注意的是，图像镜像翻转操作可能会改变目标在图像中的位置或方向信息，因此在应用该增广方法时需要谨慎考虑。在一些特定的任务中，如文字识别等，镜像翻转可能会导致目标不再可识别。因此，在选择增广方法时需要根据具体任务的特点进行评估和决策。

二、光学变换增广

光学变换增广，主要是利用图像的灰度值分布、颜色空间以及像素级变换操作，使得图像产生亮度、对比度以及颜色空间等方面的变化。光学增广方法多种多样，最常见的变换有亮度调节、对比度调节、图像锐化与直方图均衡等。

（一）亮度调节

亮度调节是通过改变图像的整体亮度值来调节图像的明暗程度。常见的亮度调节方法有亮度增强和亮度降低。亮度增强可以使图像更明亮，增加目标的可见性，而亮度降低则可以使图像变暗，模拟低光照条件下的场景。

1.亮度增强

亮度增强是指增加图像中像素的亮度值，使图像变得更明亮。亮度增强可以增强低光照下的图像细节和对比度，使目标更加清晰可见。常见的亮度增强方法包括线性变换、非线性变换和直方图拉伸等。

（1）线性变换

线性变换是一种简单的亮度增强方法，通过对图像中每个像素的亮度值进行加法或乘法操作来增加亮度。加法操作可以使整个图像整体变亮，而乘法操作可以对每个像素进行放大，增强细节。

（2）非线性变换

非线性变换可以更精细地控制图像的亮度增强效果。常见的非线性变换方法包括伽马校正和对数变换。伽马校正可以通过对图像的像素值进行幂函数变换，增强图像的低亮度区域，使其更具对比度和细节。对数变换可以扩展图像的亮度范围，增加亮度的动态范围。

（3）直方图拉伸

直方图拉伸是一种通过重新分配图像像素的亮度值来增强亮度的方法。它可以将图像的灰度级别拉伸到整个可用范围内，使得图像中的低亮度和高亮度部分得到更好的展示，提高对比度和细节。

2.亮度降低

亮度降低是指减少图像中像素的亮度值，使图像变暗。亮度降低可以模拟低光照条件下的场景，提供对光照变化的鲁棒性。常见的亮度降低方法包括线性变换、非线性变换和灰度级别缩减等。

（1）线性变换

线性变换可以通过对图像中每个像素的亮度值进行减法或除法操作来降低亮度。减法操作可以使整个图像整体变暗，而除法操作可以对每个像素进行缩小，减少细节和对比度。

（2）非线性变换

非线性变换方法可以更细致地控制图像的亮度降低效果。常见的非线性变换方法包括反伽马校正和指数变换。反伽马校正可以通过对图像的像素值进行幂函数反变换，降低图像的亮度，模拟暗光照条件下的效果。指数变换可以压缩图像的亮度范围，缩小亮度的动态范围。

（3）灰度级别缩减

灰度级别缩减是指利用图像的灰度级别范围缩小的方法，缩小亮度的变化范围。通过减少灰度级别的数量，可以使图像的亮度更加均匀，达到降低亮度的效果。

在应用亮度调节时，需要根据具体任务和需求进行选择。亮度增强可以提高图像的可见性和对比度，适用于低光照条件下的目标检测和识别任务。亮度降低可以模拟低光照条件下的场景，增加模型对光照变化的鲁棒性。

需要注意的是，在进行亮度调节时，应考虑数据集的平衡性和一致性。确保每个类别的样本在不同亮度调节下的数量相对均衡，避免某些类别在亮度变换后出现样本数量过多或过少的情况。此外，还应注意调整标签或注释与亮度调节后的图像相对应，从而保持数据的一致性。

（二）对比度调节

对比度增强是通过增大像素值之间的差异来增加图像的对比度。常用的对比度增强方法包括线性变换、直方图均衡化和自适应对比度增强等。线性变换是一种简单的方法，通过对图像中的每个像素值进行线性变换，将像素值映射到较大的范围，从而增强对比度。直方图均衡化是一种统计方法，通过重新分配像素值的频率分布，使得图像的直方图在整个灰度范围内更均匀，从而增强对比度。自适应对比度增强方法则是对图像的局部特征进行调整，以避免过度增强或减弱对比度。

对比度降低是通过减小像素值之间的差异来降低图像的对比度。对比度降低常用于模拟低光照条件下的场景或柔化图像的细节。降低对比度可以通过线性变换、直方图压缩和局部对比度减小等方法实现。线性变换可以将像素值映射到较窄的范围，从而减弱对比度。直方图压缩方法通过调整像素值的分布范围，将像素值压缩到较小的范围内，从而降低对比度。局部对比度减弱方法则是对图像的局部特征进行调整，以保持图像的整体结构并降低细节的对比度。

对比度调节在图像增广中起到了重要作用。通过增强或降低图像的对比度，可以增加数据样本的多样性，使模型在不同对比度条件下具有更好的鲁棒性和泛化能力。在实际应用中，根据具体的任务需求和应用场景，选择合适的对比度调节方法和调节参数，以获得良好的图像质量和目标识别效果。

总之，对比度调节是一种常用的光学变换增广方法，其中对比度调节通过改变图像的动态范围来调节图像的对比度，从而影响图像的视觉效果和目标识别能力。

（三）图像锐化

图像锐化是一种常见的光学变换增广方法，旨在通过增强图像的边缘和细节来提高图像的清晰度和视觉效果。在目标定位与跟踪任务中，图像锐化可提供更多有关目标形状、纹理和边缘的信息，从而增强模型对目标的识别和定位能力。

图像锐化的方法多种多样，其中常见的是使用锐化滤波器和边缘增强算法。

锐化滤波器是一种高通滤波器，它可以突出图像中的高频成分，即边缘和细节。其中一种常见的锐化滤波器是拉普拉斯滤波器，它通过计算图像中的像素值与周围像素值之间的差异，来增强图像的边缘信息。应用拉普拉斯滤波器可以使边缘更加清晰，从而提高目标的可见性。

边缘增强算法是一种基于梯度计算的方法，它可以检测图像中的边缘，并对边缘进行增强处理，以使其更加鲜明。其中一种常见的边缘增强算法是 Sobel 算子，它利用水平和垂直方向上的梯度计算来检测图像中的边缘，并通过增强梯度值来突出边缘。

图像锐化的目的是提高图像的清晰度和对比度，使目标的边缘和细节更加突出。通过增强图像的边缘信息，模型可以更准确地定位和跟踪目标。此外，图像锐化还可以增加数据集的多样性，提高模型对不同图像质量和在不同环境条件下的适应能力。

需要注意的是，图像锐化可能会引入一定的噪声或伪影，尤其是在处理低质量图像时。因此，根据具体应用场景和需求，需要在边缘增强和噪声控制之间做出权衡。

综上，图像锐化是一种光学变换增广方法，可通过增强图像的边缘和细节来提高图像的清晰度和视觉效果。选择适当的锐化方法和参数，并进行评估和调整，可以获得最佳的图像锐化效果。

（四）直方图均衡

直方图均衡是一种常用的光学变换增广方法，用于调节图像的灰度值分布。它可以重新分配像素的灰度级，使图像的直方图更加均匀，从而增强图像的对比度和视觉效果。

直方图是描述图像中像素灰度分布的统计工具，它显示了每个灰度级别的像素数量。在直方图均衡过程中，首先计算原始图像的灰度直方图。然后根据图像中每个像素的灰度级别，重新分配灰度值，使得最终的直方图更加均匀。

具体而言，直方图均衡的步骤如下：

计算原始图像的灰度直方图：统计图像中每个灰度级别的像素数量，得到原始图像的灰度直方图。

计算累积分布函数（CDF）：根据灰度直方图计算累积分布函数，该函数表示每个灰度级别的像素累积数量。

灰度级别映射：根据 CDF 和灰度级别的映射函数，将原始图像中的每个像素的灰度值映射到新的灰度级别。这个映射函数可以根据需求选择不同的方法，如线性映射或非线性映射。

生成均衡化后的图像：根据灰度级别映射，对原始图像中的每个像素进行灰度值替换，生成均衡化后的图像。

调节对比度：根据需要，可以进一步调节均衡化后图像的对比度，以满足特定应用的需求。

直方图均衡可以改善图像的亮度分布，使得图像中的细节更加清晰可见。通过增强图像的对比度，直方图均衡可以使暗部和亮部的细节得到增强，从而提高目标定位和跟踪模型对细节的感知能力。

然而，直方图均衡也存在一些限制。对于具有特定亮度分布要求的图像，直方图均衡可能导致细节的丢失或图像的过度增强。因此，在应用直方图均衡时，需要根据具体情况和需求进行适当调整，以获得最佳效果。

综上所述，直方图均衡是一种光学变换增广方法，通过重新分配像素的灰度级别，增强图像的对比度和视觉效果。它是一种简单而有效的图像增强技术，常用于图像预处理和增强目标的可见性。

三、其他增广方法

其他增广方法是图像处理中常用的技术，用于增加数据样本的多样性、提高模型的鲁棒性，并帮助解决各种视觉问题和任务。

（一）噪声增广

噪声增广是通过向图像中添加各种类型的噪声来增加数据样本的多样性。常见的噪声类型包括高斯噪声、椒盐噪声、泊松噪声等。噪声增广可以提高模型对于噪声环境下的图像的鲁棒性，使其更能抵抗真实场景中的噪声干扰。

（二）模糊增广

模糊增广是通过应用不同的模糊滤波器来降低图像的清晰度和细节，以模拟运动模糊、镜头模糊等实际情况。模糊增广有助于训练模型对于模糊图像的识别和定位，提高模型在模糊环境中的性能。

（三）裁剪与缩放增广

裁剪和缩放增广是通过改变图像的尺寸和大小来增加数据样本的多样性。可以随机裁剪图像的不同区域或按比例缩放图像，以模拟不同距离、大小和视角下的目标。这种增广方法可以提高模型对于目标尺寸变化的适应能力。

（四）颜色变换增广

颜色变换增广是通过改变图像的颜色空间和色彩分布来增加数据样本的多样性。常见的颜色变换方法包括调节亮度、饱和度、对比度、色调等。颜色变换增广可以帮助模型对于不同光照条件和色彩变化的图像进行识别和定位。

（五）混合增广

混合增广是将多个图像进行叠加、融合或混合，生成新的图像样本。这可以通过图像叠加、像素级别的混合、生成对抗网络等方法实现。混合增广可以增加数据样本的多样性，扩展数据集的规模，并提高模型对于复杂场景和遮挡情况的处理能力。

以上列举的增广方法仅是常见的一些例子，实际上还有许多增广方法可供选择和应用。在使用增广方法时，需要综合考虑数据集的特点、任务需求以及计算资源的限制，选择适合的增广方法来提高目标定位和跟踪模型的性能。同时，合理调节增广参数和组合不同的增广方法也是实现良好效果的重要因素。通过合理的图像增广方法，可以提升模型的鲁棒性、泛化能力和适应性，提高目标定位和跟踪的准确性和稳定性。

第二节　基于深度学习的目标检测方法

一、卷积神经网络

基于深度学习的目标检测方法使用卷积神经网络（Convolutional Neural Network，CNN）作为主要模型。CNN 是一种受启发于人类视觉系统的神经网络模型，通过模拟生物神经元的工作原理和网络连接结构，实现对图像数据的端到端映射，从而完成目标检测任务。

CNN 的前向传播过程是从输入图像向输出的识别和分类结果计算的过程。在 CNN 中，输入层通常为待处理的图像数据，而通过多个隐藏层的卷积操作和特征提取，最终实现对目标的检测和分类。CNN 由卷积层、池化层和全连接层等组成，每一层都有特定的功能，如卷积层用于提取图像的特征，池化层用于减小特征图的空间大小，全连接层用于分类和输出。

在训练阶段，CNN 利用反向传播（Backpropagation）算法进行模型参数的优化。反向传播是指通过定义特定的损失函数和数值优化方法，利用已有的标注样本进行训练，使得网络学习到输入和输出之间的正确映射关系。在训练过程中，需要利用大量的标注样本来不断更新 CNN 中的参数值，通过多次迭代使整个网络的误差值逐渐收敛到期望值。

图 2-1 是卷积神经网络的基本网络结构示意图，它展示了 CNN 的层级组织和信息流动的方式。从输入层开始，经过一系列的卷积、池化和全连接操作，最终得到目标的检测和分类结果。图中的箭头表示信息的流动方向，每一层都包含多个卷积核或神经元，用于对输入数据进行特征提取和组合。

通过使用卷积神经网络，基于深度学习的目标检测方法取得了显著成果。CNN 在图像识别、目标检测、语音识别等领域得到了广泛应用，并在许多基准数据集上展现了优秀的性能。它的主要优势在于能够自动学习图像中的特征表示，并具有一定的鲁棒性和泛化能力。通过不断优化网络结构和训练算法，CNN 在目标检测领域将持续推动研究和应用的进展。

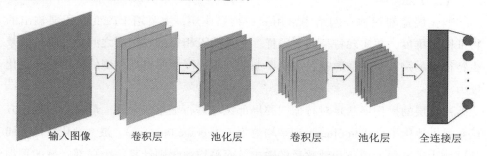

输入图像　　卷积层　　池化层　　卷积层　　池化层　　全连接层

图 2-1　典型的卷积神经网络结构

（一）卷积层

卷积层是卷积神经网络的重要组成部分，其主要目的是对输入样本进行特征映射和特征提取。在卷积层中，通过使用一系列的卷积核（也称为滤波器）对输入图像进行局部连接和权重共享的操作，从而实现对图像的特征提取和表示。

在卷积层中，每个卷积核都是一个小的二维滤波器，它的形状通常是正方形或矩形的。卷积核在输入图像上滑动，对每个位置的局部图像区域进行加权求和运算，得到一个输出特征图。这个过程可以看作是在输入图像上进行局部感知和特征提取的操作。

卷积核的参数是可学习的，它决定了在特定位置上对输入图像进行加权求和的方式。通过不断调整卷积核的参数，卷积层可以自动学习图像的不同特征，如边缘、纹理、形状等。因为卷积核的参数在整个输入图像上共享，所以卷积层具有一定的局部感知能力和参数的共享性，大大减少了需要学习的参数数量，提高了模型的效率和泛化能力。

卷积层可以通过堆叠多个卷积核来提取多个不同特征。这些卷积核可以具有不同的大小和深度，用从不同尺度和层次上提取图像的特征表示。通过使用多个卷积层，网络可以逐渐学习到更加抽象和高级的特征，从低级特征如边缘到高级特征如目标的形状和结构。

卷积层的输出通常是经过非线性激活函数（如 ReLU）的，以增加网络的表达能力。此外，卷积层还可以通过添加池化层来减小特征图的空间尺寸，减少计算量和参数数量，同时保留重要的特征信息。

通过卷积核的局部感知和参数共享，卷积层可以有效地提取图像的各种特征，并为后续任务（如目标检测和分类）提供丰富的特征表示。

（二）池化层

池化层是卷积神经网络中常用的一种操作层，主要用于改变卷积层输出的特征图的维度，并实现特征的下采样。它被插入相邻的卷积层之间，可以有效减少特征图的尺寸和参数数量，加快模型的训练速度，并提高模型的鲁棒性和泛化能力。

池化层的操作通常是对特征图的局部区域进行汇聚或采样。最常见的池化方法是最大池化（Max Pooling）和平均池化（Average Pooling）。最大池化从每个局部区域中选择最大值作为池化后的输出，而平均池化则计算每个局部区域的平均值。这些池化操作可以理解为对特征图进行滤波，提取重要的特征信息，忽略细节和冗余信息。

池化层具有以下几个重要特点和作用：

1.降低维度

池化层通过将特征图的尺寸减小，降低特征的维度。这样可以减少模型中的参数数量和计算量，使得模型更加轻量化，适应于计算资源有限的环境。

（1）减少参数数量

深度神经网络的参数数量通常非常庞大，特别是在卷积层之后，特征图的尺寸较大。通过池化层的下采样操作，特征图的尺寸减小，从而减少了连接到后续层的参数数量。这使得模型更加轻量化，占用更少的内存和计算资源。

（2）减少计算量

随着特征图尺寸的减小，池化层减少了后续层的计算量。在深层神经网络中，每个卷积层都需要进行大量的乘法和加法运算，这对计算资源的需求很高。通过降低维度，池化层有效地减少了这些运算的数量，加快了模型的训练和推理速度。

（3）提高计算效率

降低维度可以提高计算的效率。对于大尺寸的特征图，计算的时间和资源成本较高。而通过池化层的下采样操作，可以将特征图的维度降低到合理范围内，从而提高计算的效率。这对于实时应用和嵌入式设备非常重要，因为它们通常具有计算资源受限的特点。

（4）提取主要特征

池化层的下采样操作通常会选择局部区域中的最大值或平均值作为输出。这种操作可以提取图像的最显著特征，而忽略细节和冗余信息。因此，通过降低维度，池化层有助于集中关注图像最重要的特征，提高模型的鲁棒性和泛化能力。

需要注意的是，降低维度也会导致一定的信息损失。由于池化操作是对特征图进行采样，一些细节信息可能会丢失。因此，在设计网络架构时，需要根据任务的需求和数据的特点进行权衡，选择适当的池化层参数和方法。

池化层通过降低特征图的尺寸和维度，有效减少了参数数量和计算量，提高了计算效率，并能集中关注图像最重要的特征。这使得模型更加轻量化，适应于计算资源有限的环境。此外，降低维度还可以帮助防止过拟合，并提高模型的泛化能力。

2.提取主要特征

池化操作选择局部区域中的最大值或平均值作为输出，从而实现对图像的最显著特征进行保留和强调。这种操作可以帮助抑制噪声和冗余信息，提取图像最重要的特征，从而增强模型的鲁棒性和泛化能力。

最大池化是一种常用的池化方法，它从每个局部区域中选择最大值作为输出。通过选择最大值，最大池化可以捕捉到图像最显著的特征。例如，在目标检测任务中，目标通常具有最高的响应，因此选择最大值作为特征的代表可以使模型更关注目标的位置和形状信息。这种选择最大值的策略有助于抑制噪声和冗余信息的影响，使得模型更加关注图像最重要的特征。

平均池化是另一种常用的池化方法，它计算局部区域的平均值作为输出。通过计算平均值，平均池化可以对图像的整体特征进行平滑处理，提取图像的整体纹理和结构信息。这有助于模型学习到更全局和抽象的特征表示。平均池化可以减少图像中的细节信息，并对整体特征进行汇聚，从而进一步提取主要特征，增强模型的鲁棒性和泛化能力。

在池化操作中，可以通过调节池化窗口的大小和步幅来控制特征图的尺寸和维度。较大的池化窗口和较小的步幅会进一步降低特征图的尺寸，从而强调图像更宏观和全局的主要特征。较小的池化窗口和较大的步幅相对能保留更多的细节信息，使得模型能够关注更细粒度的特征。

通过提取主要特征，池化层有助于模型学习到图像最重要和最显著的特征，忽略次要和冗余的信息。这可以提高模型的鲁棒性，使其对图像的变化具有更好的适应性。同时，提取主要特征还有助于减少过拟合的风险，提高模型的泛化能力，使其在未见过的数据上表现更好。

需要注意的是，池化操作可能会引入信息丢失的问题。由于池化操作的下采样性质，会导致特征图的尺寸减小，从而丢失部分细节信息。这种信息丢失可能会对模型的性能产生一定的影响，特别是在需要精细位置信息的任务中。

为了解决信息丢失的问题，一种常见的方法是引入更大的池化窗口或使用重叠池化（Overlapping Pooling），即在池化操作中允许池化窗口之间有重叠区域。这样可以部分降低信息丢失的影响，保留更多的细节信息。另外，一些研究工作提出了自适应池化（Adaptive Pooling）的方法，通过学习，动态调整池化窗口的大小和形状，更好地适应不同尺寸的特征图。

此外，近年来还出现了一些替代池化操作的方法，如空间金字塔池化（Spatial Pyramid Pooling）和注意力机制（Attention Mechanism）。空间金字塔池化将不同尺度的池化窗口应用于特征图，并将其级联在一起，以捕捉不同尺度的信息。注意力机制则通过学习权重来动态调整特征图中的信息贡献，使模型能够更加关注重要的特征。

通过选择最大值或平均值等操作，池化层可以提取图像最显著的特征，并通过降低特征维度和减少冗余信息来增强模型的鲁棒性和泛化能力。然而，池化操作也可能引入信息丢失的问题，需要在设计和选择池化方法时加以考虑，并结合其他技术手段进行优化。

3. 平移不变性

池化层在一定程度上具有平移不变性。因为池化操作是在局部区域中进行的，不依赖具体的位置信息，所以对于图像中的平移变换具有一定的鲁棒性。这有助于模型学习到平移不变的特征表示，提高模型在实际应用中的准确性。池化层的平移不变性来源于以下几个方面：

（1）局部感受野

池化操作是在局部感受野内进行的，通常选择感受野内的最大值或平均值作为输出。这种局部性使得池化层对于整体平移变换是不敏感的，因为即使图像发生平移，感受野内的特征仍然保持不变。

（2）参数共享

在卷积神经网络中，卷积层和池化层通常采用相同的参数共享机制。这意味着不同位置的特征图使用相同的池化操作，因此对于平移变换，特征图的表示不会改变。这种参数共享的机制使得网络能够学习到平移不变的特征表示。

（3）平均池化的不变性

平均池化是一种常见的池化方法，它将感受野内像素的平均值作为输出。由于平均池化操作是对感受野内的像素进行求平均，这使得平均池化具有一定的平移不变性。因为平均值对于平移变换是不敏感的，所以平均池化可以提取出平移不变的特征。

虽然池化层具有一定的平移不变性，但并不是完全不变的。对于大尺度的平移变换，池化层可能会丢失一些位置信息。为了提高平移不变性，一些研究工作提出了一些改进的池化方法，如空间金字塔池化和注意力机制。这些方法可以在保持一定的平移不变性的同时，更好地保留位置信息。

池化层具有一定的平移不变性，这使得卷积神经网络在处理平移不变的视觉任务中具有优势。通过局部感受野、参数共享和平均池化等机制，池化层能够提取出平移不变的特征表示，从而提高模型在实际应用中的准确性。然而，对于更大尺度的平移变换，池化层可能会导致一定的位置信息丢失，需要结合其他技术手段进行优化。

4.减少过拟合

过拟合是指为了得到一致假设而使假设变得过度严格。避免过拟合是分类器设计中的一个核心任务。通常采用增大数据量和测试样本集的方法对分类器性能进行评价。概念为了得到一致假设而使假设变得过度严格称为过拟合。

池化层的下采样作用可以降低特征图的维度，减少模型的参数数量，从而减少过拟合的风险。这有助于模型更好地泛化到未见过的数据，提高模型的泛化能力。具体来说，池化层在减少过拟合方面发挥作用的原因包括：

（1）参数数量减少

池化层通过降低特征图的维度，减少了下一层的参数数量。较少的参数数量降低了模型的复杂度，减少了过拟合的风险。较少的参数数量意味着模型更加简化，更容易泛化到未见过的数据。

（2）特征的抽象与泛化

池化层通过对局部区域进行汇聚或采样，提取图像的主要特征。这样做的结果是，池化层对于输入图像的细节和噪声相对不敏感，而更关注图像的整体结构和主要特征。通过减少细节和冗余信息，池化层帮助模型抽象和泛化输入图像，从而提高模型对未见过数据的适应能力。

（3）平移不变性

池化层具有一定的平移不变性。这意味着无论图像中的物体在图像中的位置如何变化，池化层对于提取到的特征表示保持一致。平移不变性有助于模型学习到不受位置影响的特征表示，从而提高模型对于未见过数据的泛化能力。

（4）隐含数据增强效果

池化层的下采样过程导致输入特征图的空间维度减小。这在一定程度上可以看作对输入图像进行了一种数据增强的效果。通过减小特征图的尺寸，模型在训练过程中观察到的图像变化更多，增加了模型对不同图像变体的学习能力，提高了泛化能力。

总结来说，池化层在减少过拟合方面发挥了多重作用。它减少了模型的参数数量，提取主要特征，增强模型的鲁棒性和泛化能力。池化层的平移不变性和平滑特征图的效果进一步提高了模型的泛化能力。此外，池化层的下采样操作还具有正则化的效果，有助于抑制过拟合。通过这些作用的综合影响，池化层成为卷积神经网络重要的组成部分，为目标检测等任务的性能提升提供了关键的支持。

（三）全连接层

全连接层是卷积神经网络的一种重要组件，主要用于对最终输出进行维度变换和实现分类作用。在卷积神经网络的末尾，特征图通过卷积和池化层的处理已经被提取和提纯，而全连接层则负责将这些特征整合、归纳和降维，最终输出与任务相关的预测结果。全连接层的主要作用如下：

1. 特征整合与归纳

在卷积和池化层之后，特征图的空间结构已经被压缩和提取，但仍然存在丰富的语义信息。全连接层通过将特征图中的每个像素与权重进行加权和求和，实现对特征的整合和归纳。这样可以更好地捕捉特征之间的相互关系和语义信息，从而为最终的分类或回归任务提供更具表达力的特征表示。

2. 维度变换

全连接层将特征图的高维表示转换为一维向量，以满足不同任务的需求。这种维度变换使得网络能够输出与任务相关的预测结果，例如进行图像分类、目标检测、语义分割等。通过全连接层的维度变换，网络可以将学习到的特征与标签之间建立起直接的映射关系。

3.权重学习

全连接层中的每个神经元都与前一层的所有神经元相连接，每个连接都有一个对应的权重参数。这些权重参数需要通过训练来学习，使网络能够自适应地调整权重，以最大程度地减小损失函数。通过运用反向传播算法，网络可以根据预测结果与真实标签之间的差异来更新全连接层中的权重参数，从而优化模型的性能。

需要注意的是，全连接层也存在一些限制和挑战。首先，全连接层在处理高分辨率的输入数据时，会导致参数量急剧增加，从而增加了模型的计算复杂度和内存需求。其次，全连接层忽略了输入数据的空间结构信息，只关注特征的整体关联性，这在处理具有空间相关性的任务（如图像分割）时可能限制模型的性能。为了克服这些限制，研究人员提出了一些改进的网络架构，如卷积神经网络中的全局平均池化层和注意力机制等，以更好地处理空间相关性和减少参数量。

全连接层在卷积神经网络中扮演重要角色，通过特征整合、维度变换和非线性映射，实现了对特征的归纳、降维和语义表示。同时，全连接层也面临一些挑战和限制，但通过合理的设计和改进，可以提高模型的性能和泛化能力。

（四）激活函数

激活函数在卷积神经网络中起着关键作用，它引入了非线性变换，使网络能够学习和表示更加复杂的函数关系，从而提升模型的表达能力和泛化能力。激活函数一般被应用在卷积层、全连接层和其他网络层中，用于引入非线性变换。

1.激活函数的特性和作用

（1）引入非线性变换

激活函数的主要作用是引入非线性变换，以解决线性变换的限制问题。如果神经网络只使用线性变换，无论多少层的网络堆叠在一起，其整体仍然只能表示线性函数，无法处理复杂的非线性关系。通过使用非线性激活函数，神经网络可以学习和表示更加复杂的函数，提高对复杂多变的图像任务的判定和裁决能力。

（2）激活神经元

激活函数对于神经元的激活起到了重要作用。在卷积神经网络中，每个神经元接收来自上一层的输入，并通过激活函数进行非线性变换后输出。激活函数可以控制神经元的激活程度，决定哪些神经元应该被激活及其激活程度的大小。这种激活机制可以增强网络的表达能力和灵活性。

（3）非线性映射

激活函数利用非线性映射将输入映射到输出空间，使得网络能够学习和表示复杂的非线性关系。不同的激活函数具有不同的非线性特性，例如 Sigmoid 函数、ReLU 函数、Tanh 函数等。这些函数在不同的场景和任务中具有不同的效果，需要根据具体情况选择合适的激活函数。

（4）改善梯度传播

激活函数的选择也对梯度传播和训练产生影响。在反向传播算法中，梯度表示了损失函数对于网络参数的变化率，从而指导网络的参数更新。不同的激活函数具有不同的导数性质，对梯度的传播和稳定性产生影响。一些激活函数（如ReLU）具有稀疏激活性质，可以加速训练过程和梯度传播，减少梯度消失问题。

（5）约束输出范围

某些激活函数具有固定的输出范围，如 Sigmoid 函数的输出范围为（0，1），Tanh 函数的输出范围为（-1，1）。这种约束输出范围的特性可以在某些任务中起到一定的作用，例如在二分类问题中，Sigmoid 函数可以将输出限制在 0~1，可以被解释为概率值，方便进行概率预测。

（6）抑制负值和增强非线性

一些激活函数可以抑制负值的出现，并增强网络的非线性表达能力。例如，ReLU 函数在输入为负时输出为 0，这样可以通过抑制负值的出现增强模型的稀疏性，从而使网络更加稳定和可解释。

2.常见的激活函数

（1）Sigmoid 函数

它将输入映射到（0，1）的范围，具有平滑的非线性特性。但在深度网络中，Sigmoid 函数容易出现梯度消失的问题，限制了其在深度学习中的应用。

（2）Tanh 函数

它将输入映射到（-1，1）的范围，也具有平滑的非线性特性。相比于 Sigmoid 函数，Tanh 函数的输出均值为 0，更好地适应了中心化的数据分布。

（3）ReLU 函数

ReLU 函数即修正线性单元（Rectified Linear Unit），它在输入大于 0 时输出输入值，否则输出 0。ReLU 函数能够加速网络的训练，减少梯度消失的问题，并且具有稀疏激活性质。

（4）Leaky ReLU 函数

它是 ReLU 函数的一种变体，在输入小于 0 时引入一个小的斜率，解决了 ReLU 函数在负值区域的不可导性问题。

（5）ELU 函数

ELU 函数即指数线性单元（Exponential Linear Unit），在输入小于 0 时引入一个指数增长的函数，使得输出有一个平滑的曲线。

（6）Swish 函数

它是一种近似于线性的非线性函数，具有 Sigmoid 函数的平滑特性，但更加接近线性变换，有助于提高模型的泛化能力。

在选择激活函数时，需要根据具体的任务和网络结构进行合理选择。不同的激活函数具有不同的特性，适用于不同的场景和问题。同时，还可以通过使用批量归一化（Batch Normalization）等技术来进一步优化激活函数的效果，增强模型的稳定性和性能。

二、单步多框目标检测

目标检测是计算机视觉领域的一个重要任务，其旨在从图像中准确地识别和定位出各种目标对象。近年来，基于深度学习的目标检测方法取得了显著的突破，其中一种重要的方法是单步多框目标检测（Single Shot MultiBox Detection，SSD）算法。该算法由 Wei Liu 等人于 2016 年提出，相比于传统的两步法目标检测方法，SSD 算法在提高检测精度的同时仍然保持了较好的实时性能。

SSD 算法采用了单阶段的目标检测方法，即直接通过一个网络模型完成对目标的检测和分类。该方法以 VGG16 作为骨干网络，并在其基础上进行了改进和优化。下面将详细介绍 SSD 算法的算法原理。

（一）特征提取

SSD 算法首先通过 VGG16 网络对输入图像进行特征提取。VGG16 网络是一种经典的深层卷积神经网络，由多个卷积层和池化层组成，能够有效地提取图像的高级语义特征。在 SSD 算法中，VGG16 网络的前面几层被用作特征提取器，通过这些层可以获取不同尺度的特征图。

VGG16 网络由多个卷积块组成，每个卷积块包含多个卷积层和一个池化层。

在 SSD 算法中，通常选择 VGG16 网络的前面几个卷积块，这些卷积块具有较小的感受野和较高的分辨率，适用于检测小尺寸的目标。

在 VGG16 网络中，卷积层的作用是通过卷积操作对输入图像进行滤波处理，提取图像的局部特征。每个卷积层通常由多个卷积核组成，每个卷积核可以学习到不同的特征。通过多层的卷积操作，网络可以逐渐学习到更加抽象和高级的特征表示。

在 SSD 算法中，通过对 VGG16 网络的前面几个卷积块进行特征提取，可以获得多个尺度的特征图。这是因为随着网络的深度增加，卷积层的感受野随之增大，特征图的尺度逐渐减小。通过使用不同层级的特征图，SSD 算法可以同时检测不同尺度的目标，从而提高目标检测的鲁棒性和多样性。

特征提取后，SSD 算法通过在每个特征图位置上应用一系列预定义的锚框（anchor boxes）来生成候选框。锚框是一种在特征图上固定大小和比例的框，用于表示可能包含目标的区域。通过在不同尺度的特征图上生成多个锚框，SSD 算法可以覆盖不同大小和比例的目标。

为了获取每个锚框中包含的目标信息，SSD 算法会在每个锚框上应用卷积和分类器来进行目标分类和位置回归。通过将每个锚框与真实目标进行匹配，SSD 算法可以确定每个锚框中是否包含目标，并预测目标的类别和位置。通过这种方式，SSD 算法可以实现对图像中多个目标的检测和分类。

需要注意的是，尽管 SSD 算法使用了以 VGG16 作为特征提取的基础网络，在实际应用中也可以选择其他网络结构作为特征提取器，例如 ResNet、MobileNet 等。这些网络模型具有不同的深度和参数配置，可以根据任务需求进行选择和调整。

总结起来，SSD 算法通过 VGG16 网络进行特征提取，利用其多个卷积块提取图像的高级语义特征。通过在特征图上生成一系列锚框，并通过卷积和分类器进行目标分类和位置回归，SSD 算法能够实现对图像中多尺度目标的检测和分类。这种单步多框目标检测的方法使得 SSD 算法具有高效、准确的特点，成为目标检测领域的重要算法之一。

（二）多尺度特征图

SSD 算法采用了多尺度的特征图来进行目标检测和分类，以提高对不同尺度目标检测的准确性和鲁棒性。具体而言，SSD 模型在特征提取阶段通过骨干网络（如 VGG16）生成了一系列不同尺度的特征图。

在 SSD 中，特征图的尺度是在骨干网络的不同层中获取的。一般来说，越接近输入层的特征图尺度越大，越远离输入层的特征图尺度越小。这是因为深层特征图具有更高级的语义信息，适合用于检测较小的目标，而浅层特征图则更适合检测较大的目标。

通过在不同层生成特征图，SSD 模型可以获得多个尺度的特征信息。每个特征图都被用作一个检测器，用于识别和定位特定尺度范围内的目标。为了实现这一点，SSD 模型在每个特征图上应用了一系列卷积层和分类器。这些卷积层和分类器负责检测目标的存在，并为每个检测到的目标分配类别标签和位置信息。

在生成特征图的过程中，SSD 模型还采用了预定义的一组锚框（anchor boxes）作为目标检测的候选框。这些锚框在特征图上密集地覆盖了不同位置和尺度的区域。通过在每个特征图上生成一组锚框，并将其与特征图上的每个位置进行匹配，SSD 模型可以同时检测多个不同尺度的目标。

对于每个锚框，SSD 模型通过分类器对其进行目标分类，并根据回归器估计其与真实目标框之间的位置偏移量。分类器输出每个锚框属于不同目标类别的概率，而回归器则输出调整后的锚框坐标，以便更准确地框出目标位置。

通过利用多尺度的特征图和预定义的锚框，SSD 算法能够在不同尺度上检测和分类目标。这种多尺度检测的策略使得 SSD 在处理不同大小的目标时更加灵活和准确。此外，SSD 还通过使用非极大值抑制（NMS）来抑制多个重叠的检测结果，以获得最终的检测结果。

SSD 算法通过利用多尺度的特征图和预定义的锚框，在不同尺度上对目标进行检测和分类。它通过特征提取和目标检测器两个主要部分实现目标检测，并借助 NMS 技术对检测结果进行后处理，得到准确且不重叠的最终目标检测结果。这种单步多框目标检测方法具有较高的效率和准确性，在计算机视觉领域得到了广泛应用。

（三）锚框生成

锚框生成的目的是在不同位置和尺度上对图像进行密集采样，以覆盖可能存在的目标。该过程发生在特征图上，因为在深度学习目标检测中，通常通过骨干网络提取的特征图来表示图像内容。

1. 特征图的生成

SSD 算法首先通过骨干网络（例如 VGG16）对输入图像进行特征提取。特征图是从输入图像经过卷积和池化等操作得到的具有高级语义信息的图像表示。SSD

算法使用骨干网络的一些中间层输出作为特征图，这些特征图具有不同的尺度和语义信息。

2.锚框的设计

为了适应不同目标的形状和大小，SSD算法设计了一组锚框。每个特征图位置上都会生成一组锚框，这些锚框具有不同的尺寸和长宽比。例如，可以选择一组基准锚框，然后通过缩放和调整长宽比来生成不同尺寸和形状的锚框。

3.锚框的位置和尺度

为了在特征图上生成密集的锚框，SSD算法通常在特征图的每个位置上均匀采样锚框。在不同特征图上采样的锚框具有不同的尺度和大小。通常情况下，越接近原始输入图像的低层特征图上的锚框尺度越大，而越接近高层特征图的锚框尺度越小。

4.锚框与真实目标的匹配

为了确定每个锚框与图像中的真实目标之间的关系，SSD算法通过计算锚框与真实目标框之间的IoU（交并比）来进行匹配。如果锚框与某个真实目标框的IoU大于一定阈值（如0.5），则将其视为正样本；如果IoU小于另一个阈值（如0.2），则将其视为负样本；对于处于两个阈值之间的锚框，可以根据具体实现进行调整。

5.正样本和负样本的选择

根据锚框与真实目标的匹配结果，SSD算法将匹配程度较高的锚框视为正样本，用于目标的检测和分类训练；匹配程度较低的锚框则被视为负样本，主要用于背景的分类训练。为了平衡正负样本数量，通常会采用硬负样本挖掘的策略，从匹配程度较低的锚框中选择一部分作为负样本进行训练。

6.编码锚框信息

为了进行目标的定位，SSD算法需要将锚框与真实目标框之间的位置信息进行编码。常用的编码方式是计算锚框与真实目标框的偏移量（如平移、缩放、长宽比等），并将其归一化到固定范围内。

通过上述步骤，SSD算法可以在特征图上生成大量不同尺度和长宽比的锚框，并与图像中的目标进行匹配，得到正负样本用于训练目标检测网络。这样的设计使得SSD算法能够适应不同尺度和形状的目标，提高了目标检测的准确性和鲁棒性。

需要注意的是，锚框的生成是SSD算法中的一部分，它为后续的目标检测和分类提供了候选框，但并不代表最终的检测结果。后续的步骤包括对锚框进行分类和回归，以确定目标的类别和精确边界框的位置。这些步骤通常包括使用卷积和全连接层进行特征提取和分类，以及应用非极大值抑制（NMS）来消除重叠的检测结果。

总之，锚框生成是SSD算法中的关键步骤，通过在特征图上均匀采样生成不同尺度和长宽比的锚框，并与真实目标进行匹配，为后续的目标检测和分类提供了候选框。这一设计使得SSD算法能够适应不同尺度和形状的目标，并提高了目标检测的准确性和鲁棒性。

（四）检测和分类

在单步多框目标检测（SSD）算法中，检测和分类是关键步骤之一。通过将锚框与实际目标进行匹配，SSD算法能够实现对目标的检测和分类。

1.锚框匹配

在锚框生成阶段，SSD算法生成了一系列不同尺度和长宽比的锚框。这些锚框被应用于特征图的每个位置，并与实际目标进行匹配。匹配过程基于锚框与真实目标框之间的IoU（交并比），通过计算两者之间的重叠程度来确定匹配程度。

2.目标分类

对于每个锚框，SSD算法通过卷积神经网络进行目标分类。通常，这个卷积神经网络由多个卷积层和全连接层组成，用于提取特征并预测目标的类别。对于每个锚框，网络会输出一个类别概率分布，表示它属于不同目标类别的可能性。

3.目标定位

在目标定位阶段，SSD算法通过回归算法来精确定位目标的边界框。通过预测目标与锚框之间的位置偏移量，SSD算法可以调整锚框的位置，以更准确地框住目标。通常，回归算法会预测锚框的平移量、缩放因子和长宽比等参数，以实现对目标边界框的精确定位。

4.结果筛选

在检测和分类完成后，SSD算法会根据目标的分类概率对锚框进行筛选和排序。常用的筛选方法是根据类别概率设置一个阈值，将概率高于阈值的锚框视为检测到的目标。此外，为了消除重叠的检测结果，通常还会应用非极大值抑制（NMS）算法，选择具有最高概率的目标框，并删除与其高度重叠的其他框。

通过以上步骤，SSD算法能够同时对目标进行检测和分类。它通过将锚框与实际目标匹配，并根据分类概率和位置偏移量来确定目标的位置和类别。这样的设计使得 SSD 算法能够在图像中检测到不同尺度和形状的目标，并且具有较高的检测准确性和鲁棒性。

需要注意的是，SSD 算法在进行检测和分类时，会在不同的特征图上进行操作，以捕捉不同尺度和语义级别的目标信息。较低层级的特征图通常用于检测较大的目标，而较高层级的特征图则用于检测较小的目标。这种多层级的处理有助于提高算法对不同尺度目标的检测能力。

此外，SSD 算法还可以通过引入多个不同尺度的锚框来进一步提高检测性能。例如，可以设计多组不同尺度和长宽比的锚框，并将它们应用于不同的特征图上。这样做的目的是增加对各种目标形状和大小的覆盖范围，提高算法的鲁棒性。

在实际应用中，SSD 算法需要进行训练，以学习如何准确地预测目标的位置和类别。训练过程以使用标注的目标框作为训练样本，并通过最小化预测框与真实框之间的损失函数来优化模型参数。通过反向传播算法，SSD 算法可以逐渐提高目标检测和分类的准确性。

综上所述，SSD 算法是一种基于深度学习的单步多框目标检测方法。它通过在特征图上生成密集的锚框，并通过检测和分类的过程来识别和定位目标。SSD 算法具有较高的检测准确性和鲁棒性，可以适应不同尺度和形状的目标，并在实际应用中取得了良好效果。

（五）损失函数和训练

在单步多框目标检测（SSD）算法中，损失函数起关键作用，用于度量模型在目标检测任务中的准确性。SSD 算法使用多个损失函数来同时考虑目标的定位和分类性能。

1. 定位损失

在单步多框目标检测（SSD）算法中，定位损失（Localization Loss）是用于衡量预测的目标边界框与真实边界框之间的差异的一种损失函数。其目的是使模型能够准确地预测目标的位置，以便更好地定位目标。

常用的定位损失函数是平滑 L1 损失函数，它在一定程度上解决了回归任务中常见的异常值问题。平滑 L1 损失函数通过对预测边界框和真实边界框之间的差值进行平滑处理，从而减少异常值对损失的影响。

具体而言，平滑 L1 损失函数可以定义为：

$L\_\{loc\}(x, y) = \{$

$0.5 * (x-y)\^2, if |x-y| < 1,$

$|x-y|-0.5$, otherwise,

}

其中，x 表示预测的边界框位置，y 表示真实的边界框位置。如果两者之间的差值小于 1，则采用 $0.5 * (x-y)^2$ 作为损失；否则，采用 $|x-y|-0.5$ 作为损失。

使用平滑 L1 损失函数，可以使模型对边界框的位置偏差更加敏感，进而提高目标定位的准确性。此外，平滑 L1 损失函数的平滑性质使其在存在一些噪声或异常样本时具有较好的鲁棒性。

在训练过程中，定位损失通常与分类损失一起使用，并按一定的权重进行组合。通过同时优化定位损失和分类损失，SSD 算法可以实现对目标位置和类别的联合优化，从而提高目标检测的准确性。

总之，定位损失在 SSD 算法中起着重要作用，它衡量了模型对目标边界框位置的预测准确性，并通过最小化损失函数来优化模型的参数。通过使用平滑 L1 损失函数，可以有效地处理边界框位置的偏差，提高目标定位的准确性和稳定性。

2. 分类损失

在单步多框目标检测（SSD）算法中，分类损失（Classification Loss）用于衡量模型预测的目标类别与真实类别之间的差异。通过最小化分类损失，模型能够更准确地分类目标，从而提高目标检测的准确性。

常用的分类损失函数是交叉熵损失函数，它可以衡量预测类别分布与真实类别分布之间的差异。交叉熵损失函数将目标类别表示为一个独热编码的向量，其中真实类别对应的位置为 1，其他位置为 0。模型的预测结果经过 softmax 函数得到类别概率分布，然后与真实类别分布进行比较，计算损失。

具体而言，交叉熵损失函数可以定义为：

$$L_{cls}(p, q) = -\sum_{i} p_i \log(q_i),$$

其中，p 表示真实类别分布，q 表示模型的预测类别分布。通过计算预测概率分布与真实概率分布之间的交叉熵，可以衡量分类的准确性，并用作优化模型参数的依据。

在 SSD 算法中，分类损失通常与定位损失一起使用，通过加权组合得到最终的综合损失函数。通过调整定位损失和分类损失的权重，可以平衡目标的位置定位和类别分类的重要性，以满足具体任务的需求。

在训练过程中，SSD 算法使用标注的训练数据集进行模型的迭代训练。训练数据集包括标注的目标边界框和对应的类别信息。通过将训练数据输入 SSD 模型中，计算出模型的预测结果，并与真实结果进行比较，从而计算出定位损失和分类损失。然后，利用反向传播算法和优化方法（如随机梯度下降）将损失函数最小化，更新模型的参数。

通过反复进行迭代训练，SSD 模型能够逐渐学习到有效的特征表示和目标检测能力，提高在未见样本中的泛化能力。同时，SSD 算法还可以采用一些技巧和策略，如数据增强、学习率调整和模型正则化等，来进一步提升训练效果和模型的鲁棒性。

SSD 算法通过定义适当的损失函数并进行迭代训练，能够实现目标的准确检测和分类。损失函数综合考虑了定位和分类的准确性，通过反向传播算法和优化方法将损失函数最小化，从而更新模型的参数。通过不断优化损失函数，SSD 模型可以学习到有效的特征表示和目标检测能力，提高在未见样本中的泛化性能。

（六）预测和后处理

在 SSD 算法中，预测和后处理是目标检测过程的关键步骤，它们相互配合以得到最终的目标检测结果。

在预测阶段，SSD 模型利用训练好的参数对输入图像进行目标检测。首先，通过前向传播算法，模型在不同尺度的特征图上生成一系列锚框。这些锚框覆盖了不同位置和比例的目标。对于每个锚框，SSD 模型通过卷积和全连接层预测目标的类别和位置偏移量。模型会为每个锚框预测目标属于各个类别的概率和边界框的位置信息。这样，SSD 算法生成了一系列预测的目标边界框和类别概率。

在后处理阶段，SSD 算法采用非极大值抑制（NMS）算法对预测结果进行处理。首先，对预测的目标边界框按照类别概率进行排序，选择置信度最高的边界框作为起始候选框。然后，从置信度最高的候选框开始，计算它与其他边界框的重叠程度。通常使用交并比（IoU）来度量重叠程度。如果重叠程度大于设定的阈值，那么该边界框很可能是重复检测的结果，因此可以进行抑制。通过迭代这个过程，对所有候选框进行处理，剔除冗余的检测结果，保留置信度最高的边界框作为最终的检测结果。

通过预测和后处理的步骤，SSD 算法能够高效地完成对目标的检测和分类。预测阶段利用深度学习模型生成目标边界框和类别概率，而后处理阶段利用 NMS 算法剔除冗余的边界框，得到最终的目标检测结果。这使 SSD 算法成为目标检测领域中一种高效、准确的方法，被广泛应用于各种实际场景，如自动驾驶、智能安防、人脸识别等。

综上所述，SSD 算法作为一种单步多框目标检测方法，通过整合目标检测并将其分类为一个单一网络模型，实现了高效、准确和实时的目标检测。它在计算机视觉领域具有重要意义，在自动驾驶、智能安防、人脸识别等应用领域具有广泛的实际价值和潜力。随着深度学习和计算机硬件的不断发展，SSD 算法和其他目标检测方法将继续推动计算机视觉技术的进步和应用的拓展。

三、孪生神经网络

孪生神经网络（Siamese Network）是一种基于深度学习的目标检测方法，在计算机视觉和自然语言处理领域得到了广泛应用。该网络的结构采用对称分支的形式，由两个分支组成，这两个分支在网络参数分配和结构形态上保持一致，因此被称为孪生网络。

孪生网络的主要应用是比较不同样本之间的关联性和相似度。通过将样本的特征表达统一到相同的维度，孪生网络能够有效地衡量样本之间的差异程度。在视觉工程应用中，研究者常常利用孪生网络来比较语音、图像和文本之间的相似度。

对于孪生网络，需要使用一种有效的度量方法来判别样本之间的差异程度。好的距离度量方法对于目标样本的分类结果准确性产生至关重要的影响。从抽象的角度来看，特征识别和检测问题可以被理解为对于跟踪对象相似性的学习和特征象关性的比较。

孪生网络的特点包括以下三个方面：

（一）权值共享

权值共享是指在孪生网络的两个分支网络中，它们在结构和参数上完全相同，即两个分支网络的权重参数是共享的。这种设计思想使得网络可以更好地学习样本的共同特征，减少参数量，提高模型的效率和泛化能力。

权值共享的机制带来了以下几个优势：

1. 参数共享

由于两个分支网络的权重参数是共享的，网络的参数量相对较少。这大大降低了模型的复杂度，也降低了训练和推理的计算成本。参数共享还有助于减少过拟合的风险，使模型更加稳定。

2. 特征共享

权值共享使得两个分支网络在学习过程中共同关注样本的共同特征。通过共享权值，网络能够更好地捕捉到数据中普遍存在的特征，而不会因为每个分支网络独立学习而导致特征的冗余和不一致。这有助于提高模型的泛化能力和鲁棒性。

3. 训练效率

由于共享权值的设计，网络的训练过程更加高效。在反向传播算法中，梯度可以通过一个分支网络计算得到，并且可以在另一个分支网络中共享。这样可以减少计算量，并且加速参数更新的过程。训练效率的提升使得模型可以更快地收敛，提高了训练的效率和速度。

4. 细粒度特征学习

权值共享使得网络能够学习到更细粒度的特征表示。因为两个分支网络共享参数相同，它们在不同样本上提取的特征是一致的。这使得网络能够更好地区分不同样本之间的细微差异，提高了目标检测的准确性和鲁棒性。

权值共享是孪生神经网络的一个重要特点，它通过共享参数和特征来提高模型的效率、泛化能力和训练速度。这种设计思想在目标检测等任务中得到了广泛应用，并取得了令人满意的效果。

（二）距离度量

孪生网络使用某种距离度量来衡量样本之间的相似性或差异性。常用的距离度量方法包括欧式距离、曼哈顿距离、余弦相似度等。通过计算距离，可以将样本映射到一个特定的相似度空间，便于进一步的分类或比较操作。

1. 欧式距离

欧式距离（Euclidean Distance）是最常用的距离度量方法之一，用于衡量两个样本之间的空间距离。对于孪生网络中的特征表示，可以计算两个样本特征向量之间的欧式距离。欧式距离越小表示两个样本越相似。

2. 曼哈顿距离

曼哈顿距离（Manhattan Distance）也称为城市街区距离，它衡量两个样本之间沿坐标轴的绝对差值之和。曼哈顿距离可以用于衡量样本特征向量之间的差异程度。

3. 余弦相似度

余弦相似度（Cosine Similarity）用于衡量两个样本之间的夹角余弦值，表示它们在特征空间中的方向一致性。余弦相似度在孪生网络中常用于衡量样本特征向量之间的相似程度。

除了上述常见的距离度量方法，还有其他更复杂的度量方法，可以根据具体任务的需求来选择和设计。在孪生网络中，通过计算样本特征向量之间的距离或相似度，可以将样本映射到一个相似度空间。这个相似度空间可以用于进一步分类、聚类或比较操作。

距离度量在目标检测中的应用具有广泛意义。例如，在目标跟踪任务中，可以使用孪生网络来比较当前帧的目标特征与模板特征之间的相似性，从而判断目标是否发生了变化。在目标识别和分类任务中，可以使用距离度量来衡量测试样本与训练样本之间的相似性，从而进行准确的分类或识别。

在孪生神经网络中，距离度量方法的选择需要考虑输入数据的类型、特征表示的形式以及任务的要求。对于图像数据，通常可以使用欧式距离、曼哈顿距离、余弦相似度等度量方法进行特征相似性的度量。对于文本数据，可以使用编辑距离、余弦相似度、Jaccard 相似度等度量方法。在一些特定任务中，也可以根据任务需求设计自定义的距离度量方法。

选择合适的距离度量方法，可以使孪生网络更好地学习样本特征，提高目标检测、分类、聚类等任务的准确性和效果。

（三）成对输入样本

孪生网络的输入通常是成对的样本，每个样本分别通过两个分支网络进行处理。通过同时处理两个样本，网络能够学习样本之间的相似性和差异性，从而完成分类、匹配或检测等任务。

一种常见的应用是孪生网络在人脸识别领域中的应用。在人脸识别任务中，孪生网络通常以成对的方式输入两张人脸图像。例如，可以将两个人脸图像分别输入，经过共享的卷积神经网络分支进行特征提取，得到两个特征向量。然后，通过计算这两个特征向量之间的距离或相似度，判断两个人脸是否属于同一个人。

在目标检测任务中，孪生网络可以通过成对输入样本来学习目标之间的相似性和差异性。例如，在行人重识别任务中，网络可以将两个行人图像作为输入，然后通过共享的卷积神经网络提取行人的特征表示。接下来，可以使用距离度量方法计算这两个特征表示之间的距离，从而判断这两个行人是否相同。

成对输入样本的优势在于可以利用样本之间的关系进行学习，从而更好地捕捉样本的相似性和差异性。通过共享网络参数，网络能够学习到更具有鲁棒性的特征表示，提高模型的泛化能力。此外，成对输入样本还可以减少网络训练过程中的样本标注负担，因为只需要为每个成对样本提供一个标签。

孪生神经网络通过成对输入样本，能够学习样本之间的相似性和差异性，适用于目标检测、分类、匹配等任务。这种输入方式充分利用了样本之间的关系，提供了更准确和鲁棒的特征表示，有助于提高模型的性能和泛化能力。

在孪生网络的训练过程中，通常采用对比损失函数（Contrastive Loss）来度量成对样本之间的相似性。该损失函数鼓励将相似样本的特征映射到相近的空间位置，将不相似样本的特征映射到远离的空间位置，从而提高模型的判别能力。

第三节　单目视觉系统的深度估计方法

一、基于三角测量的单目深度估计

在单目视觉系统中，基于三角测量的单目深度估计是一种常用方法，它通过在图像中选择具有已知空间位置的特征点，并结合相机的内外参数，利用几何关系计算其他特征点的深度信息。该方法可以应用于许多领域，如机器人导航、增强现实、自动驾驶等。

基于三角测量的单目深度估计方法可以分为以下几个步骤：

（一）特征点提取和匹配

在单目视觉系统中，通过单一图像无法直接获取图像的像素深度信息。然而，对于许多应用，例如目标定位和跟踪，需要了解环境中物体的空间位置和距离。为了实现这个目标，常常采用基于三角测量的单目深度估计方法。

第一，引入单目视觉系统以及深度估计的重要性和应用背景。解释单目视觉系统的工作原理，并强调其无法直接获取深度信息的局限性。

第二，介绍基于三角测量的单目深度估计方法的原理和基本思想。解释三角测量的原理，即利用图像中的几何关系和相机参数来计算物体的深度。

第三，详细讨论三角测量的实施过程。阐述特征点的提取和匹配方法，包括角点检测算法和特征描述子匹配算法。介绍相机标定的目的和过程，以获取准确的相机内参和外参。

第四，解释三角测量的具体计算步骤。说明如何选择参考点和目标点，并将图像坐标转换为归一化相机坐标。详细阐述如何利用几何关系计算目标点的深度，并通过反归一化得到实际的深度值。

第五，讨论深度图的生成和误差分析。解释如何通过三角测量方法生成整个图像的深度图，并分析基于三角测量的单目深度估计方法的误差来源。探讨误差分析的方法和改进策略，例如结合其他传感器信息或采用多视图几何分析方法。

第六，提供实际应用场景的案例，如机器人导航、自动驾驶等，以展示基于三角测量的单目深度估计方法的实际效果和局限性。总结该方法的优点和局限性，并展望未来可能的改进方向和发展趋势。

（二）相机参数标定

相机参数标定是进行深度估计的重要步骤，通过该过程可以获取准确的相机内外参数，从而建立准确的相机模型。

第一，介绍相机参数标定的背景和意义。解释为什么需要准确的相机内外参数，并阐述相机参数对深度估计的影响。强调相机参数标定对于视觉定位与跟踪任务的重要性。

第二，详细介绍相机参数标定的步骤和方法。解释标定过程中的几何关系和约束条件，如相机成像原理、相机坐标系和世界坐标系之间的映射关系。介绍常用的相机标定方法，包括基于棋盘格、圆环标定板、视觉标定板等的标定方法。

第三，讨论相机内参数标定的具体步骤。解释如何选择标定图像，如何提取标定板上的角点，以及如何通过角点坐标计算相机的内参数，包括焦距、主点位置、畸变系数等。

第四，详细讨论相机外参数标定的过程。解释如何准备用于外参数标定的场景和物体，并介绍如何通过特征点匹配或结合其他传感器信息来计算相机的位置和方向。

第五，介绍相机参数标定的精度评估和误差分析。解释如何评估标定结果的精度，并讨论标定误差的来源和影响因素。阐述如何通过重复标定或采用精确的标定工具来提高标定的准确性。

第六，提供实际应用中相机参数标定的案例和应用场景，如增强现实、机器人视觉导航等。总结相机参数标定的重要性和影响，展望未来可能的改进方向和发展趋势。

（三）三角测量

选择一对匹配的特征点，其中一个特征点具有已知的空间位置（例如，通过其他传感器获取），称为参考点；另一个特征点的空间位置需要估计。利用相机模型中的几何关系，可以通过三角测量方法计算出目标特征点的深度信息。

1.归一化相机坐标

将图像中的特征点坐标转换为归一化相机坐标系，即将像素坐标除以焦距得到归一化平面坐标。

首先，归一化相机坐标是单目视觉系统中深度估计的关键步骤之一。它将图像中的特征点坐标转换为归一化相机坐标系，提供了一种尺度不变的表示方式，使深度估计过程更加简化和可靠。

在单目相机中，归一化相机坐标是指将像素坐标转换为相对于相机的归一化平面坐标的过程。这个转换过程涉及相机的焦距，因为焦距是相机内参之一，描述了相机成像的几何特性。

其次，归一化相机坐标的计算可以通过简单的数学运算实现。对于一个特征点的像素坐标 (x, y)，归一化相机坐标可以通过除以焦距来得到。具体地，归一化相机坐标可以表示为 (x_norm, y_norm)，其中：

$x\_norm = x / f$

$y\_norm = y / f$

其中，f 表示相机的焦距。通过除以焦距，像素坐标被映射到以焦点为中心的归一化平面上，从而实现了尺度的归一化。

再次，归一化相机坐标的计算过程中需要注意焦距的准确性和一致性。焦距是相机的内参之一，通常可以通过相机标定方法获取。在进行深度估计之前，需要确保焦距的准确性，并将其与特征点的像素坐标一起使用，以获得正确的归一化相机坐标。

最后，归一化相机坐标的转换将特征点从像素坐标系转换为归一化平面坐标系，使得深度估计过程与相机的内外参数解耦，减少了尺度的影响。这样，在利用三角测量等深度估计方法时，可以更方便地利用几何关系进行计算，并获得目标特征点的深度信息。

通过归一化相机坐标的计算，可以实现单目视觉系统中的深度估计。这个过程简化了深度估计的计算步骤，并提供了一种尺度不变的表示方式，使得深度估计更加可靠和准确。同时，焦距的准确性和一致性对于归一化相机坐标的计算和后续深度估计非常重要。

2.三角测量

首先，三角测量是单目视觉系统中深度估计的关键步骤之一。它利用归一化相机坐标和相机的内外参数，基于三角形相似性原理计算目标特征点在归一化相机坐标系下的深度值。

在进行三角测量之前，需要确保相机的内外参数已经获得，包括相机的焦距、主点位置、相机的位置和方向等。这些参数描述了相机的几何特性，能为深度估计提供重要的参考信息。

其次，三角测量的原理是基于相似三角形的性质。在归一化相机坐标系下，假设我们有一个已知深度的参考点 P_ref，其坐标为（X_ref，Y_ref，Z_ref），以及一个待估计深度的目标特征点 P_target，其归一化坐标为（X_target，Y_target，1）。

根据三角形相似性原理，可以得到以下关系：

$X\_target / Z\_target = X\_ref / Z\_ref$

$Y\_target / Z\_target = Y\_ref / Z\_ref$

通过这两个方程，可以解出目标特征点在归一化相机坐标系下的深度值 Z_target，即：

$Z\_target = Z\_ref / sqrt[（X\_ref^2 + Y\_ref^2）/（X\_target^2 + Y\_target^2）]$

这个计算过程利用了已知参考点的深度和归一化相机坐标，通过与待估计的目标特征点进行比较，得到目标特征点在归一化相机坐标系下的深度值。

最后，得到目标特征点在归一化相机坐标系下的深度值后，需要进行反归一化操作，将深度值转换回实际的相机坐标系。这可以通过乘以焦距来实现，即：

$Z\_actual = Z\_target * f$

其中，f 表示相机的焦距。这样就得到了目标特征点在实际相机坐标系下的深度信息。

通过三角测量，利用归一化相机坐标和相机的内外参数，可以计算出目标特征点在归一化相机坐标系下的深度值。这个方法建立在相似三角形原理的基础上，利用已知深度的参考点与待估计深度的目标特征点之间的关系来进行深度估计。最终，通过反归一化操作，将深度值转换为实际相机坐标系下的深度信息。这种三角测量方法在单目视觉系统中被广泛应用于深度估计中。它不依赖额外的传感器或双目视觉系统，只需要使用单目相机即可进行深度估计。

在实际应用中，三角测量的过程可以通过计算机视觉算法来自动完成。

首先，需要提取图像中的特征点，例如角点、边缘等，接着通过特征匹配算法在不同图像帧之间找到匹配的特征点对。在这些匹配点对中，选择一对特征点，其中一个具有已知的空间位置，称为参考点，通常可以通过其他传感器获得其深度信息。另一个特征点的空间位置需要估计，即目标特征点。

其次，将特征点的像素坐标转换为归一化相机坐标系。这一步骤是通过将像素坐标除以焦距来实现的。归一化相机坐标系中的特征点具有单位焦距，并且位于归一化平面上。

再次，利用相机的内外参数，包括相机的焦距、主点位置、相机的位置和方向等，以及归一化相机坐标系中的特征点信息，根据三角形相似性原理计算目标特征点在归一化相机坐标系下的深度值。这个计算过程可以利用已知深度的参考点和目标特征点的归一化坐标之间的关系来实现。

最后，将归一化坐标系中的深度值反归一化回实际相机坐标系。这一步骤通过乘以焦距来完成，得到目标特征点在实际相机坐标系下的深度信息。

通过以上步骤，可以利用三角测量方法估计出单目视觉系统中目标特征点的深度信息。这种方法在许多应用中都得到了广泛应用，如三维重建、物体跟踪和虚拟增强等领域。需要注意的是，三角测量方法对特征点的匹配精度和相机参数的准确性有一定要求，因此在实际应用中需要进行相应的算法优化和校准工作，以提高深度估计的准确性和稳定性。

3. 反归一化

反归一化是三角测量方法中的最后一步，用于将归一化相机坐标系中的深度值还原到实际的相机坐标系中，以获得目标特征点的真实深度信息。这个过程涉及将归一化深度值乘以相机的焦距，从而将深度值从归一化平面映射回实际相机坐标系。

首先，我们需要了解归一化相机坐标系和实际相机坐标系之间的关系。在归一化相机坐标系中，特征点的坐标值范围通常是 $[-1, 1]$，其中原点对应相机的光心。而在实际相机坐标系中，特征点的坐标值是以像素为单位的，其中原点对应图像的左上角。

在反归一化过程中，我们将归一化相机坐标系中的深度值乘以相机的焦距，从而将其映射回实际相机坐标系。焦距是相机的一个内参数，它代表了相机的视场角和放大倍数之间的关系。通过将归一化深度值与焦距相乘，可以将深度值从归一化平面上的单位焦距映射到实际相机坐标系上的像素单位。

这样，我们就可以得到目标特征点在实际相机坐标系中的深度信息，该深度信息用像素单位表示。这个深度值可以用于实现不同的应用，比如目标距离的估计、虚拟增强等。

需要注意的是，反归一化的过程假设了相机的内参（如焦距）是已知的，因此在进行深度估计之前，需要进行相机的参数标定，以获取准确的相机内参。此外，相机的畸变校正也是必要的，以消除图像中的径向畸变和切向畸变，从而提高深度估计的准确性。

综上所述，在三角测量过程中，归一化相机坐标系将特征点的深度值转换为单位焦距下的归一化坐标，然后通过反归一化将深度值映射回实际相机坐标系，得到目标特征点的深度信息。这个过程使得单目视觉系统能够通过单一图像进行深度估计，为目标定位与跟踪等应用提供了重要的理论基础。

（四）深度图生成

首先，生成深度图的步骤之一是选择一对匹配的特征点，其中一个特征点具有已知的空间位置（例如通过其他传感器获取），作为参考点。另一个特征点的空间位置需要进行深度估计。

其次，通过前面介绍的三角测量方法，利用相机内外参数和归一化相机坐标，计算目标特征点在归一化相机坐标系下的深度值。这个过程涉及计算两个特征点之间的距离，利用三角形相似性原理得到深度值。

再次，对于每对匹配的特征点，重复进行深度估计的步骤，得到图像中其他像素点的深度值。这可以通过遍历图像中的每个像素点，并针对每个像素点选择与之匹配的特征点来实现。通过不断地进行三角测量计算，我们可以获得整个图像的深度图，其中每个像素点都对应其在相机坐标系中的深度值。

最后，深度图反映了图像中每个像素点的距离信息，揭示了场景的三维结构。深度图可以用于目标定位、障碍物检测、三维重建等任务，为视觉定位与跟踪提供了重要的基础信息。

综上所述，深度图生成是通过对每对匹配的特征点进行深度估计，最终得到整个图像的深度图。这个过程利用了三角测量方法和相机内外参数，将图像中的像素点转化为具有距离信息的深度图，从而反映场景的三维结构。深度图在目标定位与跟踪等应用中具有广泛的应用价值。

基于三角测量的单目深度估计方法在实际应用中具有一定的局限性，如对于纹理缺乏的区域或遮挡区域，估计的深度可能不准确。

二、基于视觉线索的单目深度估计

单目视觉系统在缺乏直接获取像素真实空间深度信息的情况下，需要借助其他特定的方法和技巧来获取所需的深度信息。其中，基于视觉线索的深度估计方法是常见且有效的方法。这些方法利用图像中的各种视觉线索和规律，包括几何透视原理、运动学规律、空间阴影成像规律、前后景遮挡关系以及几何尺度参考物等，来获取场景的深度信息。

（一）基于运动线索的单目深度估计方法

在单目视觉系统中，基于运动线索的单目深度估计方法是一种常用且有效的深度估计技术。该方法利用单目视觉的运动模型和静态特征点的匹配关系，通过求解相机的运动位姿来进一步求解特征点的深度信息。这个方法常被称为从运动恢复结构（SFM）。

该方法的主要思想是基于相机在空间中的运动来推断场景中特征点的深度。通过观察相机在连续帧之间的位移和旋转，可以推断相机相对于静态场景的运动。假设场景中的特征点是静态的，它们的运动只是由相机的运动导致的。因此，通过匹配连续帧中的特征点，可以获得特征点在图像中的对应关系以及它们之间的视差。

首先，需要通过特征提取和特征匹配的方法，从连续帧的图像序列中提取出关键点并进行匹配。这些关键点可以是角点、边缘点或其他具有显著性的图像特征。通过特征匹配，可以获得特征点在连续帧中的对应关系。

其次，求解相机的运动位置，即相机的位移和旋转信息。一种常用的方法是通过特征点的视差来估计相机的运动。视差是指在连续帧中特征点的位置偏移量，可以通过计算特征点在不同帧之间的像素坐标差得到。通过对视差进行三角测量和运动分解，可以估计出相机的运动位置。

在获得相机的运动位置后，可以利用三角测量的原理来计算特征点的深度值。通过已知的相机内参和特征点在不同帧中的像素坐标，可以将特征点的像素坐标转换为归一化相机坐标系下的坐标。然后，利用相机的运动位置和三角形相似性原理，可以计算出特征点在归一化相机坐标系下的深度值。

最后，为了得到实际的深度值，需要进行反归一化操作。通过将归一化相机坐标下的深度值乘以相机焦距，可以将特征点的深度信息还原到实际的相机坐标系中。

基于运动线索的单目深度估计方法适用于静态场景，而对于动态场景或相机运动过大的情况可能存在一定的限制。此外，在实际应用中，还需要考虑噪声、误匹配等因素对深度估计的影响，应结合其他方法进行优化和提高深度估计的准确性。

总而言之，基于运动线索的单目深度估计方法通过利用相机的运动模型和特征点的匹配关系，可以从单目视觉图像中获取场景的深度信息，为目标定位与跟踪等任务提供重要的空间结构信息。

（二）基于阴影线索的单目深度估计方法

在成像过程中，物体的表面法线方向和光源方向会影响图像像素的灰度水平。通过建立光照反射模型和物体表面反射率的关系，结合目标表面形状参数的约束条件，可以根据单目视觉图像中的阴影值推断目标的深度信息。以下是基于阴影线索的单目深度估计方法的详细步骤：

1. 特征提取

从单目图像中提取出目标物体的特征。常用的特征包括边缘、角点、纹理等。这些特征可以通过各种计算机视觉算法进行提取，例如 Canny 边缘检测、Harris 角点检测、SIFT 特征提取等。

2. 光照反射模型建模

通过建立光照反射模型，将目标表面的反射率与光源方向、观察方向以及物体法线之间的关系进行建模。常用的光照反射模型包括 Lambertian 模型和 Phong 模型等。这些模型描述了不同材质表面的光照反射行为，提供了推断深度的依据。

3. 阴影分析

通过分析图像中的阴影信息，可以获取目标物体的阴影值。阴影的强度与物体的几何形状和光照条件有关。根据光照反射模型和阴影值，可以建立目标表面反射率与深度之间的关系。

4. 形状参数约束

结合目标表面形状的先验信息，可以对目标的深度进行约束。例如，假设目标物体是平面、曲面或简化的几何形状，可以通过这些先验信息来确认深度的估计范围。

5. 深度估计

将光照反射模型、阴影值和形状参数约束结合起来，通过求解优化问题或使用机器学习算法，可以估计目标物体的深度值。常用的优化方法包括最小二乘法、最大似然估计等。

尽管存在这些挑战和限制，基于阴影线索的单目深度估计方法仍然是一种有价值的技术，在许多应用领域中得到了广泛应用。通过充分利用图像中的阴影信息，结合光照反射模型和形状约束，可以实现对目标物体深度的估计，为场景理解、目标跟踪、增强现实等任务提供重要的视觉线索。随着计算机视觉和机器学习算法的不断发展，基于视觉线索的单目深度估计方法将进一步改进和拓展，为视觉定位与跟踪领域带来更多的创新和应用。

（三）基于遮挡线索的单目深度估计方法

由于视觉成像的前后景遮挡特性，可以利用语义分割技术获取各类目标之间的遮挡关系。通过提取图像中的前后景逻辑关系，可以大致获取不同目标之间的相对深度信息。它提供了有关场景中物体之间相对位置和深度关系的重要线索。该方法的核心思想是通过语义分割技术将图像中的前景和背景进行分割，并分析前后景物体的遮挡关系。通过提取图像中的遮挡线索，可以获取不同目标之间的相对深度信息。

1. 语义分割

使用语义分割技术将图像中的前景和背景进行分割。语义分割是指将图像中的每个像素分配给预定义的语义类别，例如车辆、行人、道路等。通过分割图像，可以获得目标物体的掩码信息，用于后续的遮挡关系分析。

2. 遮挡关系分析

基于语义分割结果，可以分析图像中目标物体之间的遮挡关系。遮挡关系指示一个物体是否被另一个物体遮挡或部分遮挡。通过观察目标物体的掩码与其他物体的掩码之间的重叠区域，可以确定它们之间的遮挡关系。

3. 相对深度推断

通过分析目标物体之间的遮挡关系，可以推断它们之间的相对深度关系。一般情况下，被遮挡物体通常比遮挡物体更远。因此，当一个物体完全或部分被另一个物体遮挡时，可以假设被遮挡物体在深度上较遮挡物体更远。

4. 深度图生成

通过遮挡关系和相对深度推断，可以生成整个图像的深度图。深度图表示图像中每个像素点的距离信息，反映了场景的三维结构。深度图可以用于目标定位、环境感知、导航规划等应用领域。

基于遮挡线索的单目深度估计方法具有一定的优势。其优势在于利用了物体之间的遮挡关系，不需要复杂的传感器或额外的先验信息。然而，该方法也面临一些挑战，例如语义分割的准确性、遮挡关系的准确度、复杂场景下的处理等方面的挑战。

（四）基于几何尺度的单目深度估计方法

基于几何尺度的单目深度估计方法是一种利用已知几何尺度信息进行深度估计的方法。该方法通过相机投影关系和已知的几何尺度构建深度方程组，并通过求解方程组来计算场景中物体的深度信息。

1. 几何尺度获取

需要获取场景中的已知几何尺度信息。这可以通过多种方式实现，例如在场景中放置已知尺度的标定物体，使用激光测距仪或者其他传感器进行测量等。这些已知尺度信息可以作为深度估计的参考。

2. 相机投影关系

在单目视觉中，相机投影关系是将三维空间中的点投影到图像平面上的数学模型。通过相机的内参数和外参数，可以将三维空间的点与图像上的像素进行对应。

3. 构建深度方程组

利用已知几何尺度和相机投影关系，可以构建深度方程组。方程组的形式取决于具体的场景和几何结构。一种常见的方式是使用三角形相似性原理。对于每个已知尺度的点和对应的图像点，可以建立深度方程。

4. 深度方程求解

通过求解深度方程组，可以得到场景中未知点的深度值。求解深度方程组的方法包括线性方法、非线性优化方法等。其中，非线性优化方法更常用，可以通过迭代求解来获得更准确的深度估计结果。

5. 深度图生成

将深度估计结果整合到整个图像中，生成深度图。深度图表示图像中每个像素点的深度值，反映了场景的三维结构。深度图可以用于目标定位、场景重建、虚拟现实等应用领域。

基于几何尺度的单目深度估计方法具有一些优势。其优势在于利用已知的几何尺度信息，不需要复杂的传感器或额外的先验知识。同时，该方法在特定场景中具有较好的准确性和稳定性。然而，该方法也面临一些挑战。例如，几何尺度的获取需要额外的步骤和设备，可能增加成本和复杂性。此外，在复杂的场景中，存在遮挡、光照变化和材质属性的影响，这些因素可能导致深度估计出现误差和不稳定性。

三、基于深度学习的单目深度估计

（一）全局－局部深度估计

全局－局部深度估计方法是一种基于深度学习的单目深度估计方法。该方法利用卷积神经网络来解决深度估计问题，并采用两个深度尺度不同的网络堆栈。具体而言，全局预测网络用于对整个图像进行粗略估计，而局部预测网络则针对图像的细节进行深度预测。

1. 全局预测网络

全局预测网络负责对整个图像进行粗略的深度估计。它接收原始图像作为输入，并通过卷积和池化等操作提取图像的特征。然后，这些特征被传递到全连接层，生成粗略的深度估计结果。全局预测网络的主要目标是获取整体的深度结构，为后续的局部预测提供初步的深度信息。

2. 局部预测网络

局部预测网络专注于图像的细节部分，以提高深度估计的准确性。它接收原始图像和全局预测网络输出的粗略深度图作为输入。通过卷积和池化等操作，局部预测网络可以对图像的细节进行更精细的特征提取。然后，这些特征被传递到全连接层，生成局部深度预测结果。局部预测网络的主要目标是纠正全局预测的误差，并提供更准确的深度估计结果。

3. 全局－局部信息融合

全局－局部深度估计方法通过融合全局和局部信息来提高深度估计的准确性和鲁棒性。具体而言，全局预测网络和局部预测网络的输出结果被结合起来形成最终的深度估计图。融合可以通过简单的加权平均或更复杂的方法实现，融合全局和局部信息的方法通常采用加权平均的方式，其中全局预测网络和局部预测网络的输出结果按照一定的权重进行融合。权重的选择可以基于网络的训练策略或根据图像区域的重要性进行调整。融合后的深度估计图能够综合利用全局和局部信息，对场景的深度结构进行更准确的建模。

4. 尺度不变性方法

尺度不变性方法通过对图像进行金字塔尺度变换，在不同尺度下进行深度估计，从而提高深度估计的鲁棒性和适应性。尺度不变性方法能够有效地处理场景中的尺度变化和不同物体之间的尺度差异，提高深度估计的准确性。

5. 实验与结果

全局－局部深度估计方法在典型的深度估计数据集上取得了良好的结果，如NYUDepth 和 KITTI 数据集。通过结合全局和局部信息，能够准确地估计图像中各个像素点的深度值，并生成高质量的深度图。此外，尺度不变性方法的引入进一步提高了深度估计的性能，使其能够适应不同场景和尺度的深度估计需求。

（二）半监督学习和无监督学习

在单目视觉系统的深度估计领域，除了有监督学习方法，半监督学习和无监督学习也被广泛应用于训练深度网络模型。这些方法利用未标注的数据或额外的辅助信息来提高深度估计的性能。

1. 半监督学习

半监督学习是一种介于有监督学习和无监督学习之间的学习方式，它利用少量标注样本和大量未标注样本进行模型训练。在单目深度估计中，半监督学习方法通过利用少量带有深度标签的真实数据和大量未标注的图像数据来训练深度网络模型。通过引入未标注数据，半监督学习方法能够扩大训练数据集，从而提高深度估计模型的泛化能力和性能。

（1）原理

半监督学习利用少量的带有深度标签的真实数据和大量未标注的图像数据进行深度网络模型的训练。在单目深度估计中，已标注数据通常是由专业设备或人工标注得到的，而未标注数据则是从各种来源的图像数据集中收集而来的。半监督学习的关键思想是在已标注数据和未标注数据之间建立关联，从而利用未标注数据的信息来辅助深度估计模型的训练。具体而言，半监督学习方法可以通过以下几种方式应用于单目深度估计：

自训练（Self-Training）。自训练是一种迭代的半监督学习方法，它通过在初始训练阶段使用有标签数据训练一个初始模型，然后使用该模型对未标签数据进行预测，并将预测结果作为伪标签进行扩充数据集的训练。随着模型的不断迭代，伪标签的准确性逐渐提高，从而提高深度估计的性能。

自生成模型（Generative Models）。自生成模型是一类通过学习数据的分布特征来进行无监督学习的方法，其中最常见的是生成对抗网络（GANs）。在单目深度估计中，自生成模型可以利用未标注的图像数据生成虚拟的深度图像，然后将生成的深度图像与真实的深度图像进行对比，从而引导深度估计模型的学习。

协同训练（Co-training）。协同训练是一种基于多个学习器相互协作的半监督学习方法。在单目深度估计中，可以使用两个或多个深度估计网络，并利用它们之间的差异来进行半监督训练。具体而言，首先，使用带有深度标签的已标注数据训练一个初始模型，然后使用该模型对未标注数据进行预测，并选择置信度较高的样本作为伪标签。其次，将带有防伪标签的未标注数据添加到训练集中，并使用这些数据重新训练深度估计网络。通过不断迭代这个过程，每次使用不同的网络进行预测和更新，可以逐步提高深度估计模型的性能。

（2）优势

半监督学习方法在单目深度估计中具有以下优势：

利用未标注数据。传统的有监督学习方法需要大量带有深度标签的数据进行训练，而这些数据的获取成本较高。半监督学习方法能够利用大量未标注的图像数据，通过合理的数据增强和标签生成策略扩大训练数据集，从而提高深度估计模型的泛化能力。

提高模型鲁棒性。使用未标注数据进行半监督训练可以引入更多的样本和场景变化，从而增加模型对不同场景的适应能力。这样的训练方式有助于提高深度估计模型在复杂场景、遮挡和光照变化等条件下的鲁棒性。

降低标注成本。由于半监督学习方法利用未标注数据进行模型训练，相对于纯粹的有监督学习方法，标注数据的需求量大大减少。这降低了数据标注的成本和工作量，并且扩大了深度估计模型的适用范围。

2. 无监督学习

无监督学习是一种在没有标签的情况下从数据中学习表示或模型的方法。在单目深度估计中，无监督学习方法通过利用未标注的图像数据或其他辅助信息来训练深度网络模型。此外，无监督学习方法还可以利用自监督学习策略，如利用图像的自相似性或时间连续性来学习深度表示。

（1）自监督学习

自监督学习是无监督学习中的一种策略，它利用数据本身的某种特性或结构来生成伪标签，从而进行训练。在单目深度估计中，自监督学习方法通过利用图像的自相似性或时间连续性来学习深度表示。

自相似性。图像中的局部区域通常具有相似的结构和纹理，因此可以通过自相似性来学习深度表示。一种常见的方法是使用不同视角或不同时间的图像作为正负样本，通过比较它们之间的相似性来生成深度伪标签。例如，利用图像的左右视图进行训练，通过比较左右视图的一致性来学习深度表示。

时间连续性。对于视频序列，相邻帧之间通常存在时间上的连续性。利用视频序列中的帧间关系可以学习到深度表示。一种常见的方法是使用光流估计来生成帧间位移，然后根据位移信息计算深度差异，从而生成深度伪标签。通过利用视频序列中的时间连续性，可以提供更准确的深度估计结果。

（2）自生成模型

自生成模型是另一种无监督学习方法，它通过将输入图像作为目标输出来训练模型。在单目深度估计中，自生成模型尝试重建输入图像或图像的某些属性，如图像的亮度、纹理、边缘等，从而学习深度表示。

自编码器（Autoencoder）。自编码器是一种常见的自生成模型，在单目深度估计中被广泛应用。自编码器包括编码器和解码器两部分，其中编码器将输入图像映射到潜在表示空间，解码器将潜在表示映射回重建图像。通过最小化输入图像与重建图像之间的重建误差，自编码器可以学习到有效的深度表示。

生成对抗网络（Generative Adversarial Networks，GANs）。GANs是一种强大的自生成模型，由生成器和判别器组成。生成器试图生成逼真的图像，而判别器则尝试区分生成图像和真实图像。通过对抗性的训练过程，生成器和判别器相互竞争，最终生成器可以获得生成高质量图像的能力。在单目深度估计中，可以利用GANs生成深度图像，并通过最小化生成深度图像与真实深度图像之间的差异来训练深度估计模型。

（三）基于对极几何约束的方法

该方法利用了图像间的对极几何关系来提高深度估计的准确性和鲁棒性。

1.方法概述

该方法的核心思想是通过利用多视角图像之间的对极几何约束来提供深度估计的辅助信息。对极几何约束是指一对图像之间的对应点在两个图像中的视线都会交于一条称为对极线的线上。基于这个原理，可以通过匹配左右视图之间的对应点，并计算对应点的视差（视差图像）来推断场景的深度。

2.网络架构

为了实现基于对极几何约束的深度估计，Godard等人设计了一种类似DispNet的网络架构。该网络包括一个编码器和一个解码器，其中编码器负责提取输入图像的特征表示，而解码器则将特征表示转换为视差图像。

3. 损失函数

在训练过程中，采用了两个关键的损失函数来指导网络的学习：

（1）图像重建损失函数

通过将深度估计的视差图像转换为重建的左视图图像，并计算重建图像与真实左视图图像之间的差异，来衡量深度估计的准确性。这个损失函数鼓励网络学习到准确的深度估计，以使重建图像与真实图像尽可能接近。

（2）左右一致性损失函数

通过计算左视图的深度估计和右视图的反向深度估计（右视图的视差图像），将两者进行匹配并计算一致性损失。这个损失函数的目标是确保左右视差图像产生的损失函数值保持一致，从而提高深度估计的一致性和稳定性。

4. 实验结果

该方法在 KITTI 驾驶数据集上进行了实验评估，并取得了优异的结果。实验结果显示，基于对极几何约束的方法能够产生更准确和鲁棒的深度估计结果，相比于传统的基于单目图像的方法，可以更好地处理深度图像中的不确定性和噪声。

基于对极几何约束的方法利用图像间的对极几何关系提供了额外的几何信息，从而提高了单目深度估计的精度和鲁棒性。通过引入图像重建损失和左右一致性损失函数，该方法能够训练深度估计网络生成准确的视差图像，并通过视差图像推断场景的深度。

（四）多任务学习

多任务学习是一种将深度估计与其他相关任务相结合的方法，旨在通过共享网络的特征提取层来提高整体性能和场景理解能力。在单目视觉系统的深度估计中，多任务学习方法可以与语义分割、实例分割等任务进行联合学习，从而获得更全面的场景信息。基于深度学习的单目深度估计与多任务学习的主要步骤和特点如下：

1. 数据准备

准备带有深度标签的图像数据和其他任务的标签数据，例如语义分割和实例分割的标签。这些数据可以来自公开的数据集或者通过人工标注获得。

2. 网络架构设计

设计一个多任务学习的深度学习网络架构，包含用于深度估计和其他任务的子网络。通常，这些子网络共享底层的特征提取层，以提取输入图像的共享特征表示。每个子网络还包括任务特定的层，用于执行特定任务的预测或分类。

3. 损失函数定义

定义多任务学习的损失函数，它由深度估计任务的损失函数和其他任务的损失函数组成。深度估计任务的损失函数可以是平均绝对误差（MAE）或平均均方误差（MSE），而其他任务的损失函数可以是交叉熵损失函数等。通过对各个任务的损失函数进行加权组合或平衡，可以根据任务的重要性来调整网络的学习过程。

4. 网络训练

使用带有深度标签和其他任务标签的训练数据集对网络进行训练。在训练过程中，通过最小化多任务损失函数来优化网络参数。通过共享底层特征提取层，多个任务可以相互促进和协同学习，提高整体性能。

5. 多任务推断

经过训练后，可以使用多任务学习的网络模型对新的单目图像进行推断。通过输入图像，网络将同时生成深度估计和其他任务的预测结果。这样，可以在单个网络中实现对多个任务的同时推断，从而提高效率和准确性。

需要注意的是，多任务学习也面临一些挑战，如任务之间的冲突、标签的获取和平衡、网络架构的设计等。因此，在实际应用中，需要根据具体的任务和需求进行合理的设计和调整，以达到最佳的多任务学习效果。

（五）数据增强和模型训练

有效的数据增强策略可以帮助扩展训练数据集，并提供更多样化的输入样本，从而增强模型的泛化能力和鲁棒性。在模型训练过程中，合适的损失函数和优化算法也起着关键作用，能够引导模型学习准确的深度估计结果。

1. 图像变换和几何变换

通过对图像进行平移、旋转、缩放、翻转等几何变换，可以扩充训练数据集，增加样本的多样性。例如，可以对图像进行随机裁剪和填充操作，以模拟不同视角和尺度的输入。此外，还可以引入仿射变换、透视变换等几何变换操作，模拟真实世界中的场景变化和畸变。

2. 色彩变换和光照变换

调整图像的亮度、对比度、饱和度等色彩属性，或者引入噪声、模糊等光照变换操作，可以模拟不同环境下的图像条件。这样可以使模型更具鲁棒性，能够适应不同光照条件和噪声情况下的深度估计。

3. 数据合成和数据融合

利用计算机图形学技术生成合成图像，或者将真实图像与合成图像进行融合，可以生成更多样化的训练数据。合成数据可以通过调整场景参数、摄像机参数等来模拟各种不同的场景和深度值。将合成数据与真实数据进行混合训练，可以提高模型对不同场景的适应性。

4. 数据平衡和样本权重

在训练数据集中，可能存在类别不平衡或深度范围不平衡的情况。为了平衡训练数据，可以采用欠采样、过采样、类别权重调整等方法。对于深度估计问题，可以根据深度值的分布调整样本权重，使模型更加关注重要的深度区域。

5. 损失函数和优化算法

选择合适的损失函数会直接影响深度估计模型的性能。一般情况下，采用深度图像与有效的数据增强策略可以帮助扩展训练数据集，并提供更多样化的输入样本，从而增强模型的泛化能力和鲁棒性。在模型训练过程中，合适的损失函数和优化算法也起着关键作用，能够引导模型学习准确的深度估计结果。

（六）实际应用与挑战

基于深度学习的单目深度估计方法在许多实际应用中具有广泛的应用前景。例如，它可以用于自动驾驶系统中的场景理解、增强现实中的虚实融合、机器人导航中的环境感知等领域。然而，深度估计的精度和实时性仍然是当前研究面临的挑战之一。提高深度估计的精度需要更好的网络架构和训练策略，而实时性则需要高效的计算方法和硬件支持。

1. 实际应用

（1）自动驾驶系统

单目深度估计可以帮助自动驾驶系统理解场景并做出决策。通过估计周围环境的深度信息，车辆可以预测障碍物的位置和距离，从而实现智能驾驶。在自动驾驶中应用深度估计可以提高车辆的感知能力和安全性。

（2）增强现实

单目深度估计可用于增强现实应用中的虚实融合。通过估计场景中物体的深度，可以将虚拟对象与真实世界进行精确的对应，实现更逼真和交互性更强的增强现实体验。在增强现实中应用深度估计可以提供更准确的物体遮挡和交互效果。

（3）机器人导航

单目深度估计可用于机器人导航中的环境感知。通过估计场景中物体和障碍物的深度，机器人可以规划路径、避开障碍物，并实现高效而安全的导航。在机器人导航中应用深度估计可以提高机器人的自主导航能力和任务执行效率。

2.挑战

（1）精度挑战

尽管基于深度学习的单目深度估计方法已经取得了显著进展，但在复杂场景下的深度估计仍然存在误差。提高深度估计的精度需要更好的网络架构、损失函数和训练策略，以及更大规模的训练数据集。此外，考虑不同场景和物体形状的多样性也是提高精度的重要方面。

（2）实时性挑战

许多实际应用场景对深度估计的实时性要求较高，需要在有限的时间内完成深度估计任务。高效的计算方法和硬件支持是确保实时性的关键。同时，模型的轻量化设计也是提高实时性的重要因素。

（3）多模态融合挑战

单目深度估计往往面临单一输入信息的限制，对于复杂场景的理解可能存在困难。因此，将单目深度估计与其他传感器（如惯性测量单元、激光雷达等）的信息进行融合，是提高深度估计准确性和鲁棒性面临的挑战之一。多模态融合可以通过将不同传感器的数据进行联合处理，获得更全面、更准确的深度信息。然而，多模态数据的融合需要考虑数据的对齐、校准和融合方法的选择等问题。

（4）环境变化挑战

在实际应用中，环境条件的变化是不可避免的，如光照变化、季节变化等。这些变化会对单目深度估计的精度和鲁棒性产生影响。例如，在强光照或阴影下，深度估计结果可能出现偏差。解决环境变化挑战需要建立鲁棒的深度估计模型，可以通过数据增强、模型自适应或在线学习等方法来提高模型的适应性和稳定性。

（5）数据缺乏挑战

深度学习方法通常需要大量的标注数据进行训练，但获取准确的深度标注数据是一项昂贵和耗时的任务。在某些应用场景中，如特定行业或特殊环境下，可用的标注数据可能非常有限。因此，应对数据缺乏挑战需要借助半监督学习、迁移学习、无监督学习等方法，以利用有限的标注数据和大量的未标注数据进行模型训练。

（6）鲁棒性挑战

深度估计方法在实际场景中可能受到多种干扰因素的影响，如动态物体、低纹理区域、遮挡等。这些因素可能导致深度估计的不准确。克服鲁棒性挑战需要设计能够处理复杂场景和干扰的模型和算法，如利用上下文信息、引入注意力机制等。

（7）模型的可解释性和可迁移性挑战

深度学习模型通常被视为黑盒模型，难以解释其决策过程。在一些实际应用中，如自动驾驶系统，对模型的决策过程进行解释和解读是非常重要的。此外，深度学习模型的可迁移性也是一个挑战，即将在一个场景中训练好的模型迁移到其他场景时能否保持较好的性能。这涉及域适应和迁移学习的问题，需要研究如何使模型具有更好的泛化能力和适应性，以满足不同环境和任务的需求。

（8）隐私和安全挑战

在一些应用中，如室内监控、智能家居等，深度估计方法涉及对个人隐私的数据处理和分析。保护用户隐私和数据安全是一个重要的挑战。研究者和开发者需要考虑如何设计安全的数据收集和处理机制，确保用户的隐私不受侵犯。

基于深度学习的单目深度估计方法在实际应用中具有广泛的应用前景。然而，仍然存在一些挑战需要应对，包括提高深度估计的精度和实时性、多模态融合、环境变化、数据缺乏、鲁棒性、模型可解释性和可迁移性，以及隐私和安全等问题。解决这些问题需要综合考虑算法优化、数据集构建、网络架构设计和硬件支持等方面的工作，以推动深度学习在单目深度估计领域的进一步发展和应用。

第三章　基于分层码本模型的运动目标监测方法

第一节　码本模型的概念

一、码本模型基本原理

分层码本模型是一种运动目标监测方法，它利用码本模型的概念来构建像素级的背景模型，并通过码本模型的基本原理来实现对前景运动目标的检测。

（一）码本模型的概念

码本模型的概念是基于对视频图像中像素级背景建模的思想。它通过将图像中的像素分为不同的组，并为每个像素组建立一个码本来表示该组的背景特征。这种方法的主要目的是在视频序列中准确地检测出前景运动目标，从而实现对运动目标的监测和跟踪。

在码本模型中，每个像素都有一个对应的码本，码本由多个码字组成。码字是对像素的特征进行量化和描述的一种方式。一般情况下，码本中的码字可以表示像素的颜色、亮度、纹理等属性。使用码本模型，可以将背景和前景进行有效的区分，因为背景像素的码本具有相似的特征，而前景像素的码本与背景不同。

在构建码本模型的过程中，需要对视频序列中的图像进行训练或构造。首先，需要输入一定数量的视频帧图像。然后，对图像中的每个像素根据亮度范围和色彩差异进行聚类，将相似的像素分为同一组。每个像素组对应一个码本，码本中的码字描述了该像素组的背景特征。由于视频序列中各种扰动因素的影响，每个像素的码本可能会随着时间而变化，因此需要根据图像序列的变化来动态更新码本模型。

构建好码本模型后，可以利用该模型对后续的视频图像进行前景运动目标的检测。检测过程以像素为单位进行，对每个像素样本与该像素对应的码本中的所有码字进行匹配。如果码字与像素样本匹配成功，则将该像素标记为背景；如果没有匹配成功，则将该像素标记为前景。通过这样的匹配过程，可以快速而准确地检测出前景的运动目标。

总结来说，码本模型是一种基于量化和聚类的方法，用于构建像素级的背景模型。通过将图像中的像素划分为不同的码字，每个码字表示像素的特征，从而实现对前景运动目标的准确检测。码本模型的概念和基本原理为后续的运动目标监测方法提供了基础。

（二）码本模型的原理

分层码本模型是一种用于运动目标监测的算法，它通过对视频图像中像素的背景特征进行建模，实现对前景运动目标的检测和跟踪。该模型基于码本的概念，通过分层的方式进行建模，以适应不同尺度和复杂度的背景变化。

码本模型的基本原理是通过对图像像素进行聚类操作，将像素分为不同的组，使得每个组内的像素具有相似的特征。聚类过程可以使用常见的聚类算法，如 K 均值聚类、高斯混合模型等。通过聚类，可以将图像中的像素划分为不同的组，并为每个组构建一个码本。

每个像素的码本由聚类得到的码字组成，这些码字描述了该像素在训练阶段的背景特征。码字可以表示像素的颜色、亮度、纹理等属性。不同像素的码本可能包含不同数量和类型的码字，因为不同像素的背景特征差异较大。

在运动目标监测阶段，通过对图像中的像素进行匹配，可以确定像素是否属于背景或前景。对于每个像素样本，将其与码本模型中对应像素的所有码字进行匹配。如果像素样本与某个码字匹配成功，即与码本模型中的背景特征相似，则将该像素标记为背景，并更新码字的信息，使其能够适应图像中背景的变化。如果像素样本与所有码字都没有匹配成功，则将该像素标记为前景，表示它可能属于运动目标。

对图像中的所有像素与码字进行匹配，可以得到图像中的前景像素，从而实现对运动目标的检测。分层码本模型通过多个层次的码本构建，可以适应不同尺度和复杂度的背景变化，提高对运动目标检测的准确性和鲁棒性。

总结来说，基于分层码本模型的运动目标监测方法利用聚类将图像像素划分为不同组，并为每个组构建码本。通过对图像中的像素进行匹配，可以确定像素属于背景还是前景，从而实现对运动目标的检测。该模型通过分层的方式建模背景特征，适应不同尺度和复杂度的背景变化。

（三）分层码本模型的应用过程

基于分层码本模型的运动目标监测方法在实际应用中的过程可以分为初始化阶段、训练/构造阶段、前景检测阶段、更新码本阶段和参数调整与优化阶段。

1. 初始化阶段

在初始化阶段，需要为每个像素初始化码本模型，并设置适当的参数。初始化的步骤包括：

（1）设置码本的初始大小和参数

根据具体的应用需求和计算资源限制，选择适当的码本大小和粒度。码本的大小决定了能够表示的背景特征的丰富程度，而码本的粒度决定了聚类的细节程度。

（2）选择适当的码本粒度

分层码本模型通常包括多个层次的码本，每个层次对应不同的码本粒度。选择码本粒度要考虑图像中的目标大小和运动特征，以及计算复杂度等因素。

2. 训练/构造阶段

在训练/构造阶段，需要准备一定数量的视频帧图像作为输入，并进行码本的构造。具体的步骤包括：

（1）输入视频帧图像

选择一定数量的视频帧图像作为训练数据，这些图像应该包含代表背景的静态场景。

像素聚类：对每个像素按照亮度范围和色彩差异进行聚类操作，形成一系列的码字。可以采用常见的聚类算法，如 K 均值聚类、高斯混合模型等。聚类过程将像素分为不同的组，使得每个组内的像素具有相似的特征。

（2）构建码本

为每个像素组构建一个码本，码本由聚类得到的码字组成，描述了该像素组在训练阶段的背景特征。码字可以表示像素的颜色、亮度、纹理等属性。

3. 前景检测阶段

在前景检测阶段，利用构建好的分层码本模型对后续的视频图像进行前景检测。具体步骤如下：

获取当前帧图像。获取待检测的当前帧图像。

逐层匹配。对于每个像素样本，从最粗粒度的码本开始逐层进行匹配。

码字匹配。对于当前层次的码本，将像素样本与码本中的所有码字进行匹配。可以使用合适的度量方法，如欧氏距离、余弦相似度等来衡量样本与码字之间的相似度。

背景标记与更新。如果像素样本与某个码字匹配成功，则将该像素标记为背景，并更新码字的信息，使其能够适应图像中背景的变化。如果像素样本与所有码字都没有匹配成功，则将该像素标记为前景。

重复处理所有像素样本，完成前景检测。

4. 更新码本阶段

在前景检测过程中，对于被标记为背景的像素，可以选择更新码本的信息，以适应背景的变化。常见的更新方式包括：

替换最早的码字。当新的背景出现时，可以选择替换码本中最早的码字，以保持码本的时效性。

更新匹配码字的权重。对于匹配成功的码字，可以通过更新其权重来反映其重要性，使其对背景的建模更具代表性。

5. 参数调整与优化阶段

分层码本模型中的参数选择和调整对于检测结果的准确性和鲁棒性至关重要。可以通过以下方式进行参数调整和优化：

实验和分析。通过实验和分析来选择适当的参数，如码本的大小、聚类方法的参数、码本模型的层次数等。可以尝试不同的参数组合，并评估其对检测准确性和实时性的影响。

优化策略。为了满足实时性的要求，可以采用一些优化策略，如降低码本的维度、减少聚类的迭代次数、利用硬件加速等。这些策略可以提高算法的运行效率，以满足实时目标检测的需求。

基于分层码本模型的运动目标监测方法包括初始化阶段、训练 / 构造阶段、前景检测阶段、更新码本阶段和参数调整与优化阶段。通过逐层匹配和码本更新，该方法能够实现对运动目标的准确监测和跟踪，并在实际应用中具备一定的实时性和鲁棒性。

二、码字颜色空间模型的改进

在基于分层码本模型的运动目标监测方法中，码本模型中的码字可以使用不同的颜色空间模型进行表示和描述。传统的颜色空间模型如 RGB、HSV 等在一定程度上能够表达像素的颜色信息，但对于复杂的背景场景和光照变化等因素，传统的颜色空间模型可能存在一定的局限性。因此，可以改进码本模型中的码字颜色空间模型，以提高对运动目标检测的准确性和鲁棒性。以下是一些常见的改进方法：

（一）考虑上下文信息

在基于分层码本模型的运动目标监测方法中，为了更准确地描述像素的背景特征，除了考虑像素本身的颜色信息，还可以引入像素周围的上下文信息。这些上下文信息可以包括领域内的颜色分布和纹理特征等。通过利用局部领域信息，可以提高码本模型对复杂背景场景的适应能力，从而实现更准确的运动目标检测。

1.局部二值模式

局部二值模式（Local Binary Patterns，LBP）是一种常用的纹理特征提取算法，可用于改进码字颜色空间模型，以考虑像素的上下文信息。LBP 算法通过比较像素点与其邻域像素的亮度关系，生成一个二进制编码来描述像素点周围的纹理模式和分布。在分层码本模型中引入 LBP 特征可以增强码字的描述能力，不仅包括颜色信息，还包括局部纹理信息。

（1）LBP 算法原理

LBP 算法通过以下步骤生成像素点的 LBP 编码：

定义领域。选择一个固定大小的领域（通常是一个正方形或圆形区域），以像素点为中心。

比较亮度。将领域内的像素与中心像素进行亮度比较。如果邻域像素的亮度大于中心像素的亮度，则将对应位置的二进制位设为 1，否则设为 0。

生成 LBP 编码。根据比较结果，将领域内的二进制位按顺时针或逆时针顺序排列，形成一个二进制编码。例如，对于 8 领域的情况，得到的二进制编码可以是一个 8 位的二进制数。

（2）LBP 算法特点

LBP 算法具有以下特点，使其在纹理描述中得到广泛应用：

不受光照变化影响。LBP 算法主要通过比较像素之间的亮度关系来生成编码，而不依赖绝对亮度值。因此，LBP 特征对于光照变化具有较好的鲁棒性。

考虑局部纹理模式。LBP 编码可以有效地表示像素点周围的纹理模式和分布。将 LBP 特征引入码本模型，可以更全面地描述像素的背景特征，包括颜色和纹理信息。

简单高效。LBP 算法具有简单、直观和计算效率高的特点。它的计算过程简单，不需要复杂的数学运算，适用于实时应用。

（3）LBP 在分层码本模型中的应用

将 LBP 特征引入分层码本模型，可以在每个层次的码本中添加局部纹理信息。具体步骤如下：

扩展码字。对于每个像素组的码本，除了包含颜色信息的码字外，还添加一个 LBP 码字。这个 LBP 码字描述了像素组周围的纹理模式和分布。

LBP 特征提取。对于每个像素样本，根据其周围像素的亮度关系，计算对应的 LBP 编码。这可以通过比较像素与其邻域像素的亮度值来实现。然后，将得到的 LBP 编码作为该像素样本的 LBP 特征。

LBP 码字生成。将所有像素样本的 LBP 特征进行聚类操作，形成一个 LBP 码本。聚类过程将像素样本分为不同的组，使得每个组内的像素具有相似的 LBP 特征。

码本更新和匹配。在前景检测阶段，对于每个像素样本，不仅与颜色码本进行匹配，还与 LBP 码本进行匹配。如果像素样本能够匹配成功，将该像素标记为背景，并更新码本的信息。如果匹配不成功，则将该像素标记为前景。

通过引入 LBP 特征，分层码本模型可以更准确地描述像素的背景特征，包括颜色和纹理信息。LBP 特征提取过程简单高效，而且具有较好的鲁棒性和局部纹理模式描述能力，因此成为改进码字颜色空间模型的有效手段。在分层码本模型中融合 LBP 特征，可以提高运动目标监测的准确性，并对包含丰富纹理信息的运动目标进行更可靠的检测和跟踪。

2.方向梯度直方图

（1）HOG 特征描述

方向梯度直方图（HOG）是一种用于描述图像局部纹理特征的方法，常用于目标检测和图像识别任务。HOG 算法通过计算图像局部区域的梯度方向直方图来描述纹理特征。它基于图像的梯度信息，将图像划分为小的局部区域，并计算每个区域内像素的梯度方向。然后将这些梯度方向编码为一个直方图，表示该区域内纹理的方向分布。

通过引入 HOG 特征，码本模型可以更好地捕捉图像的纹理特征，从而提高对复杂背景的建模能力。

（2）HOG 特征提取过程

HOG 特征提取过程包括以下步骤：

图像预处理。首先，对输入图像进行预处理操作，如图像的灰度化、尺寸归一化等。这些预处理步骤有助于减少噪声和保持图像的一致性。

计算梯度。对预处理后的图像，计算每个像素的梯度信息。常用的方法是通过应用 Sobel、Prewitt 等算子来计算图像的水平和垂直梯度。

将图像划分为小区域。将图像划分为小的局部区域，每个区域都包含一定数量的像素。通常采用固定大小的滑动窗口来进行划分，窗口的大小和形状可以根据具体应用进行选择。

计算局部区域内的梯度方向直方图。对于每个局部区域，计算该区域内像素的梯度方向直方图。将该区域内的像素根据梯度方向分配到不同的方向区间中，并统计每个区间内像素的数量。

归一化直方图。对计算得到的梯度方向直方图进行归一化，以消除光照变化和图像对比度变化等因素的影响。常用的归一化方法包括 L1 范数归一化和 L2 范数归一化。

拼接局部区域的特征向量。将所有局部区域的梯度方向直方图拼接成一个特征向量。这个特征向量表示了整个图像的纹理特征。

（3）HOG 特征与码本模型的结合

在基于分层码本模型的运动目标监测方法中，可以将 HOG 特征与码本模型相结合，以改进码字颜色空间模型的描述能力。具体步骤如下：

提取目标区域的 HOG 特征。根据目标检测任务的需求，选择合适的目标区域进行提取。可以使用预训练的目标检测器或手动标注的目标区域进行提取。对于每个目标区域，将其分割为小的局部区域，并计算每个局部区域的 HOG 特征。通过计算局部区域内像素的梯度方向直方图，得到描述该区域纹理特征的 HOG 特征向量。

构建包含 HOG 特征的码本模型。将提取得到的 HOG 特征与码本模型相结合，构建包含 HOG 特征的码本模型。在每个像素的码本中，除了包含颜色信息，还加入对应位置的 HOG 特征向量。将 HOG 特征引入码本模型，可以丰富码字的描述能力，使其不仅包含颜色信息，还包括局部纹理信息。这样能够更准确地描述像素的背景特征，提高对复杂背景的建模能力。

前景检测与运动目标监测。在前景检测阶段，利用包含 HOG 特征的分层码本模型进行前景检测和运动目标监测。对于每个像素样本，从最粗粒度的码本开始逐层进行匹配。在匹配过程中，除了比较像素样本的颜色信息，还比较对应位置的 HOG 特征向量。如果像素样本能够成功匹配到码本模型中的码字，并且颜色信息和 HOG 特征均匹配一致，则将该像素标记为背景。如果匹配失败或只有部分匹配成功，则将该像素标记为前景。引入 HOG 特征，可以更好地捕捉图像的纹理特征，从而提高对复杂背景的建模能力。同时，结合码本模型的分层结构，可以有效处理运动目标在不同尺度和位置上的变化。

通过考虑上下文信息，如 LBP 和 HOG 特征，可以将码本模型从单纯的颜色空间模型扩展为更丰富的特征空间。这样的扩展使得码字不仅包含颜色信息，还包括局部纹理信息，从而更全面地描述像素的背景特征。通过综合颜色和纹理特征，码本模型能够更准确地区分背景和前景，并提高对运动目标检测的准确性。

（二）自适应颜色空间模型

为了适应不同场景和光照条件下的颜色变化，可以采用自适应的颜色空间模型。例如，可以使用自适应的颜色量化方法，根据图像的颜色分布自动调整码本中的码字数目和颜色表示方式。这样可以更好地捕捉图像中的颜色特征。

1. 颜色空间模型的挑战

在基于分层码本模型的运动目标监测方法中，颜色空间模型是描述图像颜色特征的重要组成部分。然而，由于场景和光照条件的变化，图像中的颜色分布可能会发生明显变化，从而导致传统的颜色空间模型在不同场景下的表现不佳。

2. 自适应颜色量化方法

为了应对颜色空间模型的挑战，可以采用自适应颜色量化方法，根据图像的颜色分布自动调整码本中的码字数目和颜色表示方式。

自适应颜色量化方法通常包括以下步骤：

（1）颜色空间分割

将图像的颜色空间进行分割，将图像的颜色范围划分为多个颜色区域。可以采用基于聚类的方法，如 K-means 算法，将图像中的颜色分成不同的簇。

（2）码字数量确定

根据颜色空间分割的结果，确定码本中的码字数量。可以根据每个颜色区域中像素的数量或像素的密度来确定码字的数量。较大的颜色区域可以分配较多的码字，以更准确地描述该区域的颜色特征。

（3）颜色表示方式调整

对于每个颜色区域，根据其颜色分布情况选择合适的颜色表示方式。常用的颜色表示方式包括 RGB、HSV、Lab 等。可以根据颜色空间分割的结果，对不同的颜色区域选择适当的颜色表示方式，以更好地捕捉图像中的颜色特征。

（4）码本构建与更新

根据确定的码字数量和颜色表示方式，构建自适应的码本模型。在监测运动目标的过程中，根据新的图像数据和颜色分布对码本进行动态更新，以适应不同场景下的颜色变化。

应用自适应颜色量化方法，可以根据图像的颜色分布自动调整码本的结构，使其更好地适应不同场景和光照条件下的颜色变化。这样可以更准确地捕捉图像中的颜色特征，并提高监测运动目标的准确性。

3.码本模型与自适应颜色空间模型的结合

在基于分层码本模型的运动目标监测方法中，可以将自适应颜色空间模型与码本模型相结合，以提高码字颜色空间模型的描述能力。具体步骤如下：

（1）自适应颜色空间模型的构建

根据前述自适应颜色量化方法，构建自适应颜色空间模型。首先，根据图像的颜色分布，将颜色空间进行分割，并确定码本中的码字数量和颜色表示方式。然后，根据确定的参数构建自适应颜色空间模型。

（2）码本模型的更新与适应

在监测运动目标的过程中，根据新的图像数据和颜色分布，对码本模型进行动态更新和适应。对于每个新的图像帧，首先提取其中的目标区域，并根据自适应颜色空间模型进行颜色特征的提取。然后，将提取到的颜色特征与码本模型进行匹配，并根据匹配结果进行码本的更新。

在更新码本模型时，可以根据匹配的结果调整码字的权重或添加新的码字。匹配成功的样本可以增加其对应码字的权重，以加强对该颜色特征的建模能力。匹配失败的样本可以作为新的样本添加到码本中，以增强对新颜色特征的描述能力。

将自适应颜色空间模型与码本模型相结合，可以更好地捕捉图像中的颜色特征，并根据不同场景和光照条件进行自适应调整。这样可以提高码本模型对颜色特征的建模能力，进一步提高运动目标监测的准确性和鲁棒性。

（三）统计建模

对训练数据进行统计建模，可以更准确地描述码字的颜色分布。可以使用概率模型，如高斯混合模型（Gaussian Mixture Model，GMM）来建模每个码本中码字的颜色分布，这样可以更好地适应复杂的颜色分布。

1. 数据收集与预处理

在进行统计建模之前，需要收集一定数量的训练数据。训练数据应包含代表背景的静态场景图像，以及可能出现的运动目标。收集到的图像需要进行预处理，例如颜色空间转换和去除噪声等，以确保数据质量。

2. 特征提取

从训练数据中提取特征用于统计建模。常见的特征包括颜色信息和纹理信息。对于颜色信息，可以使用像素的 RGB、HSV 或 Lab 等颜色空间表示。对于纹理信息，可以使用局部二值模式（Local Binary Patterns，LBP）或方向梯度直方图（Histogram of Oriented Gradients，HOG）等方法进行提取。

3. 统计建模

使用统计方法对提取到的特征进行建模。其中一种常用的方法是高斯混合模型（GMM）。GMM 可以将数据分解为多个高斯分布成分的加权组合，每个高斯分布成分表示一种颜色分布。通过最大似然估计等方法，可以估计出每个高斯分布成分的参数，包括均值和协方差矩阵。

4. 码字颜色空间模型的更新

在监测运动目标的过程中，对码本模型进行动态更新。对于每个新的图像帧，首先提取其中的目标区域，并提取目标区域的颜色特征。然后，将提取到的颜色特征与码本模型进行匹配，并根据匹配结果进行码本的更新。

在更新码本模型时，可以根据匹配的结果调整码字的参数。例如，可以根据匹配成功的样本更新对应高斯分布成分的均值和协方差矩阵，以更准确地描述目标区域的颜色分布。

使用统计建模方法，可以更好地描述码本模型中码字的颜色分布。统计建模能够适应复杂的颜色分布，并根据训练数据自动调整模型参数，提高对不同场景和光照条件下的颜色变化的适应能力。

（四）多通道颜色模型

传统的颜色空间模型通常使用单通道，如 RGB 或 HSV，来表示像素的颜色信息。然而，单通道的颜色模型可能无法充分捕捉像素的颜色属性，特别是对于复杂的颜色分布。使用多通道的颜色模型，如将 RGB 颜色空间与其他颜色空间（如 Lab 颜色空间）结合起来，可以更全面地描述像素的颜色属性，提高码本模型的表示能力和检测结果的准确性。

1. 多通道颜色表示

传统的颜色空间模型通常使用 RGB 颜色空间表示像素的颜色信息。然而，RGB 颜色空间对于光照变化和颜色饱和度变化较敏感，可能无法准确地描述复杂的颜色分布。因此，可以引入其他颜色空间，如 Lab 颜色空间，来补充 RGB 颜色空间的不足。

Lab 颜色空间是一种基于人眼感知的颜色空间，包括亮度（L）和色度（a、b）三个通道。L 通道表示像素的亮度信息，而 a 和 b 通道表示像素的色度信息。将 RGB 颜色空间与 Lab 颜色空间相结合，可以得到多通道的颜色表示，其中包括 RGB 三个通道和 Lab 三个通道，共六个通道。这样可以更全面地描述像素的颜色属性，提高码本模型的颜色表示能力。

2. 特征提取

从训练数据中提取特征以构建多通道颜色模型。对于每个像素，需要提取其对应的多通道颜色特征。例如，对于 RGB 颜色空间，可以直接使用原始像素值作为颜色特征。对于 Lab 颜色空间，可以提取 L、a、b 通道的像素值作为颜色特征。

3. 码本构建

在多通道颜色模型中，每个码本由多个码字组成，每个码字表示一个颜色特征向量。特征向量由各个通道的颜色特征组成。例如，对于 RGB 和 Lab 两个颜色空间的组合，每个码字由 RGB 三个通道和 Lab 三个通道的颜色特征组成，共六个维度。通过聚类算法，如 K 均值聚类或高斯混合模型，可以将训练数据中的颜色特征向量聚类为不同的码字，并构建多通道颜色码本。

4. 目标区域的颜色特征提取

在监测运动目标的过程中，需要提取目标区域的多通道颜色特征，以进行目标检测和跟踪。对于每个目标区域的像素，从对应通道中提取颜色特征，形成多通道颜色特征向量。例如，对于 RGB 和 Lab 两个颜色空间的组合，可以从 RGB 三个通道和 Lab 三个通道分别提取颜色特征，并将它们组合成多通道颜色特征向量。

5.多通道颜色特征匹配

将提取到的目标区域的多通道颜色特征与多通道颜色码本进行匹配，以确定目标区域的颜色属性。可以使用匹配算法，如最近邻算法或相关性匹配算法，计算目标区域颜色特征向量与码本中码字之间的距离或相似度。通过匹配结果，可以判断目标区域的颜色属性，并进行目标检测和跟踪。

使用多通道颜色模型，可以更全面地描述像素的颜色属性，包括 RGB 颜色空间和其他颜色空间（如 Lab 颜色空间）的组合。这样可以提高码本模型对复杂颜色分布的建模能力，增强运动目标监测的准确性和鲁棒性。多通道颜色模型能够更好地适应不同场景和光照条件下的颜色变化，提高对目标区域的区分能力。

第二节　基于块截断编码理论的分层码本构造

基于块截断编码（Block Truncation Coding，BTC）理论的分层码本构造方法是一种用于构建分层码本模型的技术。该方法将 BTC 算法应用于码本模型的构造过程中，生成分层的码本模型，包括块码本（Block-Based Codebook）和像素码本（pixel-based codebook）。在这种方法中，块码本的构造方法基于块截断编码原理，而像素码本的构造方法与传统方法类似。

一、块码本的构造方法

块码本（Block-Based Codebook）的构造方法基于块截断编码（BTC）的原理。具体步骤如下：

（一）图像分块

将输入图像分为不重叠的块，每个模块包含一定数量的像素。通常，块的大小是固定的，并且在构造过程中保持不变。

图像分块的目的是将大尺寸的图像分解为更小的块，以便更好地处理和建模。每个块通常具有相同的大小，并且在构造过程中保持不变。块的大小可以根据具体应用需求进行选择，常见的块大小为 8×8、16×16 或 32×32 像素。图像分块的步骤如下：

1. 确定块的大小

根据需要和计算资源的限制，选择适当的块大小。较小的块可以提供更细粒度的图像特征，但可能会增加计算复杂度。较大的块可以减轻计算负担，但可能会导致图像细节的丢失。

2. 块的位置和边界

确定每个块在图像中的位置和边界。通常，块之间是不重叠的，即每个块的位置是独立的。块的边界可以通过指定块的左上角和右下角像素的坐标来定义。

3. 提取块数据

根据确定的块位置和边界，从输入图像中提取每个块的像素数据。这些像素数据将作为构建分层码本模型的输入。

图像分块的关键是选择适当的块大小和块位置，以保留图像的重要特征并减少信息损失。较小的块可以提供更精细的图像细节，但可能会增加计算开销。较大的块可以降低计算复杂度，但可能会丢失一些细微特征。

在实际应用中，图像分块通常是一个预处理步骤，用于准备图像数据以供后续的编码和建模操作使用。它为分层码本模型的构造提供了基础，使得每个模块都可以独立地进行特征提取和编码。

（二）块内像素量化

对于每个块，计算其平均颜色值，并将该块中的每个像素与平均颜色值进行比较。根据比较结果，将像素量化为两个类别：属于该块的平均颜色值的像素和不属于该块的平均颜色值的像素。具体而言，对于每个块，执行以下操作：

1. 计算平均颜色值

对于当前块中的所有像素，计算它们的颜色值的平均值。这个平均值表示了当前块的整体颜色特征。

2. 像素与平均颜色值的比较

将当前块中的每个像素与计算得到的平均颜色值进行比较。比较的目的是确定每个像素是否与块的平均颜色值相似。

3. 像素量化

根据比较结果，将像素量化为两个类别：属于该块的平均颜色值的像素和不属于该块的平均颜色值的像素。通常，使用二进制编码或标志位来表示像素的类别。

量化像素可以减少对每个像素进行独立编码所需的信息量。将像素分为两个类别，可以更好地表示块内的颜色分布特征，并提供更高效的编码方式。属于该块的平均颜色值的像素可以更紧凑地表示为块内的背景信息，而不属于该块的平均颜色值的像素可以更准确地表示为块内的前景信息。

需要注意的是，块内像素量化是基于当前块的颜色信息进行的，因此仅在当前块内进行像素的分类和量化。这样做的目的是将图像分为更小的块，并对每个块进行独立的编码和建模，以提高对运动目标监测的效果。

（三）块码字生成

根据像素的量化结果，生成表示块的码字。通常，使用 0 和 1 表示两个类别，生成一个二进制码字。具体而言，对于每个块，根据像素的量化结果进行以下操作：

1.确定码字长度

确定码字的长度，即表示当前块的码字所需的二进制位数。码字的长度通常取决于像素量化的结果，例如，如果像素被量化为两个类别，则码字长度为 1。

2.生成码字

根据码字长度，生成一个二进制码字。对于每个像素，根据其量化结果，将相应的二进制位设置为 0 或 1。例如，如果像素属于该块的平均颜色值，对应的二进制位设置为 0，否则设置为 1。

3.组合码字

将所有像素的二进制位组合成一个完整的码字，表示当前块的特征。

生成码字，可以将块的特征以一种紧凑而有效的方式进行表示。码字的生成过程基于像素的量化结果，将量化结果转化为二进制表示形式。生成的码字可以作为码本模型的一部分，用于描述图像中不同块的特征，并用于后续的运动目标检测。

需要注意的是，每个块都有自己的码字，因此块的码字是独立生成的。这样做的目的是对每个块进行独立建模，以便更好地捕捉图像中的运动目标信息。生成的码字可以作为码本模型的一部分，并与其他层次的码本结合使用，以提高运动目标检测的准确性和效率。

（四）码本更新

将生成的块码字添加到块码本中，并根据需要进行码本的更新和维护。码本更新的详细步骤如下：

块码本初始化。在开始时，块码本为空，不包含任何码字。

码字添加。将生成的块码字添加到块码本中。每个块的码字代表了该块的特征，可以通过将码字存储在块码本中来维护和管理。

码本更新策略。根据实际需求，可以选择不同的码本更新策略。一种常用的策略是限制码本的大小，当码本已满时，需要采取一定的方法来更新码本，以保持其容量不超过预设的最大大小。

码本维护。对于已满的码本，可以采取以下几种方式进行维护：

替换策略。采用替换策略来替换现有的码字。替换策略可以基于不同的准则，如最少使用频率、最老的码字等。

更新策略。根据新加入的码字和已存在的码字之间的相似度或距离进行更新。相似度较低的码字可以被替换或更新，以适应新的码字。

合并策略。将相似的码字合并为一个更通用的码字，以减小码本的大小。

码本存储和索引。为了快速检索和匹配，码本需要进行适当的存储和索引。常见的方法是使用数据结构，如哈希表、树或图等，以便有效地组织和检索码本中的码字。

运用适当的码本更新和维护策略，可以保持码本的有效性和准确性。随着新的块码字的添加和旧的码字的更新或替换，码本能够动态地适应不同场景和目标的变化，提高运动目标监测的性能和鲁棒性。

需要注意的是，码本的更新过程应该在训练阶段进行，以便根据训练数据动态地调整和优化码本。一旦码本构造和更新完成，就可以在实时或离线的运动目标监测任务中使用码本来表示和匹配图像中的块特征，实现对目标的检测和跟踪。

通过这样的过程，块码本可以对图像进行分块建模，并利用 BTC 的思想对块内的像素进行压缩和编码，从而生成具有分层结构的码本模型。

二、像素码本的构造方法

像素码本（Pixel–Based Codebook）的构造方法与传统的方法类似，不同之处在于它是基于分层码本模型的构造。具体步骤如下：

（一）初始化

在分层码本模型的运动目标监测方法中，像素码本（Pixel–Based Codebook）的构造是分层码本模型的一个重要步骤。像素码本用于描述图像中每个像素的特征，并提供了用于运动目标检测和跟踪的基础。像素码本构造的详细步骤如下：

1.初始化码本参数

在像素码本构造的开始阶段，需要设置适当的参数来初始化码本。这些参数包括码本的大小、码字的维度和颜色空间等。码本的大小表示可以存储的码字数量，码字的维度表示每个码字所包含的特征维度。在像素码本中，通常使用颜色特征作为码字的维度，因此需要选择合适的颜色空间，如 RGB、HSV 或 Lab 等。

2.每个像素初始化码本

对于输入图像中的每个像素，需要为其初始化一个空的码本。这可以通过创建一个空的数据结构来实现，如列表、数组或哈希表等。每个像素的码本将用于存储与该像素相关的特征码字。

3.提取像素特征

在像素码本构造的过程中，需要从输入图像中提取每个像素的特征。常用的特征包括像素的颜色信息、纹理信息、边缘信息等。这些特征可以通过计算像素周围区域的统计特征、局部二值模式（LBP）等方法来获取。提取的特征将用于生成每个像素的码字。

4.将特征码字添加到像素码本中

对于每个像素，根据提取的特征生成一个码字，并将该码字添加到相应的像素码本中。这可以通过将码字存储在像素码本的数据结构中来实现。重复这个过程，直到对图像中的所有像素都完成特征提取和码字生成的过程。

通过以上步骤，像素码本完成了初始化阶段。此时，每个像素都拥有一个与其相关的码本，用于存储其特征码字。接下来，可以使用这些像素码本进行运动目标监测和跟踪，通过比较像素的特征码字来识别目标并进行位置跟踪。

需要注意的是，码本的初始化阶段通常在训练阶段进行，并使用训练数据来生成合适的码本。在实时或离线的运动目标监测任务中，初始化阶段只需要执行一次，并且后续操作将基于初始化后的像素码本进行。

（二）聚类操作

在分层码本模型的运动目标监测方法中，像素码本的构造方法涉及聚类操作，其目的是将图像中的像素按照特征进行分组，使得每个组内的像素具有相似的特征。聚类操作可以通过常见的聚类算法来完成，如 K 均值聚类、高斯混合模型等。详细的聚类操作步骤如下：

1. 选择适当的聚类算法

在像素码本的构造过程中，需要选择适合的聚类算法来对像素进行分组。常用的聚类算法包括 K 均值聚类、高斯混合模型（Gaussian Mixture Model，GMM）等。不同的算法具有不同的性质和适用场景，应根据实际需求选择合适的算法。

2. 确定聚类的参数

聚类算法通常需要一些参数来控制聚类的过程。例如，K 均值聚类需要指定聚类的簇数目 K，GMM 需要指定混合成分的数量等。这些参数的选择对于聚类结果的质量具有重要影响。可以通过预先设定或使用一些启发式方法来确定这些参数。

3. 进行聚类操作

将像素的特征作为输入，使用选择的聚类算法对像素进行聚类操作。聚类算法将根据像素的特征相似性将其分配到不同的簇中。具体而言，聚类算法会计算像素之间的距离或相似度，并根据一定的准则将像素分配到最相似的簇中。聚类的结果是一组簇，每个簇包含一组具有相似特征的像素。

4. 生成像素码字

根据聚类操作得到的簇，为每个簇生成一个码字来表示该簇的特征。码字可以是一个向量、一个直方图或其他适当的数据结构，用于表示簇内像素的特征信息。生成码字时可以根据具体的需求和特征选择合适的方式，例如计算簇内像素的平均值、统计特征等。

通过聚类操作，将像素分为不同的组，并为每个组生成码字，从而构建像素码本。像素码本将作为后续运动目标监测任务的重要数据结构，用于描述图像中每个像素的特征，从而实现对运动目标的检测、跟踪和分析。

（三）构建码本

在分层码本模型的运动目标监测方法中，像素码本的构造方法涉及构建码本，该码本由聚类得到的码字组成，用于描述每个像素组的特征。

首先，提取每个像素组的特征向量。对于经过聚类操作分组的像素组，需要将其特征转化为特征向量。特征向量是一种用于表示特征的数据结构，可以包含不同的特征描述子。常见的特征描述子包括颜色直方图、纹理特征、梯度方向直方图等。根据具体的应用场景和需要，选择合适的特征描述子来提取每个像素组的特征向量。

其次，使用聚类算法对特征向量进行聚类。将提取得到的特征向量作为输入，使用之前选择的聚类算法对特征向量进行聚类操作。聚类算法将根据特征向量之间的相似性将其分配到不同的簇中。聚类的结果是一组簇，每个簇包含一组具有相似特征的像素组。

再次，生成码字来表示每个簇的特征。对于每个簇，根据其中像素组的特征，生成一个码字来表示该簇的特征。码字可以采用不同的方式表示，例如使用向量、直方图等数据结构。生成码字时可以根据具体的特征选择合适的方式，例如计算簇内像素组特征的平均值、统计特征等。

最后，构建完整的像素码本。将生成的码字按照簇的顺序组成一个码本。码本是一个集合，每个元素代表了一个像素组的特征描述。可以使用数组、列表等数据结构来组织码本，并为每个码字添加索引以便后续访问和使用。

通过以上步骤，就可以构建完整的像素码本，用于描述图像中每个像素组的特征。像素码本将作为后续运动目标监测任务的重要数据结构，用于比较、匹配和识别像素组的特征，从而实现对运动目标的检测和跟踪。

（四）码本更新

在分层码本模型的运动目标监测方法中，像素码本的构造方法不仅包括初始化和构建码本，还需要对码本进行更新和维护，以提高码本的表示能力和适应性。码本更新步骤如下：

首先，收集新的训练样本或输入图像。为了更新码本，需要获取新的训练样本或输入图像。这些样本或图像可以来自实际场景中的运动目标或其他相关的图像数据集。收集的样本或图像应具有代表性，涵盖所关注的运动目标或场景的不同特征。

其次，提取新样本或图像的特征向量。对于收集到的新样本或图像，需要提取其特征向量。特征向量的提取方法可以与构建码本时使用的方法相同或类似。根据特征描述子的选择，将新样本或图像转换为对应的特征向量表示。

再次，将新特征向量与码本进行比较和更新。通过比较新的特征向量与码本中的码字，可以判断新特征向量是否与码本中的特征相似或属于已有的类别。如果新特征向量与码本中的码字相似度高，可以将其归类到相应的码字所代表的类别中。如果新特征向量与码本中的码字差异较大，可能表示出现了新的特征类别，需要进行码本的扩充。

最后，更新码本并维护其大小和结构。根据新特征向量的归类结果，对码本进行更新。如果新特征向量属于已有的类别，可以更新对应码字的统计信息，例如计数、均值等。如果新特征向量属于新的类别，需要将其添加到码本中，并设置新的码字来表示该类别的特征。在更新码本时，需要考虑码本的大小和结构，可以通过设置阈值或采用自适应的方法来控制码本的大小，以保持码本的有效性和紧凑性。

通过以上步骤，可以完成码本的更新和维护，以适应新的训练样本或输入图像，并提高码本的表示能力和适应性。码本的更新过程是一个动态的过程，随着新数据的不断加入和处理，码本可以逐渐演化和优化，以更好地描述运动目标的特征，并提供更准确的目标检测和跟踪结果。

总结起来，基于块截断编码的分层码本构造方法将 BTC 算法应用于码本模型的构建中，生成了块码本和像素码本两种码本模型。块码本利用 BTC 的原理对图像进行分块和量化，生成具有分层结构的码本模型。像素码本则利用聚类操作对像素进行分组，并为每个组构建码本，以捕捉图像中不同像素组的特征。这种分层的码本模型可以提高对图像特征的描述能力，并为监测运动目标提供更准确的建模方法。

第三节　基于图像金字塔的分层码本模型

基于图像金字塔的分层码本模型是一种用于运动目标监测的方法，结合了图像金字塔和分层码本模型的优势，能够在不同尺度和分辨率下有效地捕捉目标的运动信息。

一、图像金字塔构建

图像金字塔的构建可以使用基于缩放的方法，如高斯金字塔或拉普拉斯金字塔等。每个金字塔层级包含了原始图像的不同尺度版本，其中较高层级的图像分辨率较低，而较低层级的图像分辨率较高。

（一）原始图像

在基于图像金字塔的分层码本模型中，原始图像是整个处理流程的起点。原始图像可以是彩色图像或灰度图像，根据具体的应用场景和需求来选择。

原始图像是待处理的图像序列中的一帧，它可能包含了我们感兴趣的运动目标。图像金字塔的构建旨在从不同的尺度和分辨率来观察和分析图像，以便更好地适应不同尺度的目标，并提高对运动目标的检测和跟踪性能。

对于彩色图像，原始图像通常由三个颜色通道（红色、绿色、蓝色）组成，每个通道表示了图像中的颜色信息。对于灰度图像，原始图像只包含一个灰度通道，表示图像的亮度信息。

原始图像可能具有不同的分辨率和大小，取决于图像的采集设备和处理需求。在构建图像金字塔之前，通常需要对原始图像进行预处理，如裁剪、缩放或调整亮度对比度等，以便获得适合处理的图像。

原始图像是后续图像金字塔构建的基础。通过构建图像金字塔，可以生成不同尺度和分辨率的图像，从而提供了多样化的输入数据。这样可以更好地适应不同尺度的目标，并增强系统的鲁棒性和适应性。

需要注意的是，原始图像的质量和清晰度对后续的处理和分析结果有重要影响。因此，在图像采集和预处理阶段，应该尽量保证原始图像的质量和准确性，以提高后续处理的效果。

总之，原始图像作为基于图像金字塔的分层码本模型的起点，为后续的图像金字塔构建提供了输入数据。通过合理的预处理和选择，原始图像可以为系统提供丰富的信息，从而实现准确的运动目标监测和跟踪。

（二）金字塔层级定义

确定金字塔的层级数和每个层级的尺度。层级的数量取决于所需的尺度范围和应用场景。通常，金字塔的层级数为3~5层。每个层级的尺度可以通过图像缩放来控制，例如，每个层级的图像尺寸可以是前一个层级的一半。

1.层级数量的确定

层级的数量取决于所需的尺度范围和应用场景。较少的层级数会导致尺度范围较窄，可能无法捕捉到较小尺寸的目标，而较多的层级数则会增加计算复杂度并可能引入噪声。通常，金字塔的层级数在3~5是常见的选择。较少的层级数适用于目标相对较大且尺度变化不明显的场景，而较多的层级数适用于目标尺度变化较大的场景。

2.每个层级的尺度控制

每个层级的尺度可以通过图像缩放来控制。通常情况下，每个层级的图像尺寸是前一个层级的一半，即每个层级的图像分辨率是上一层级的四分之一。这种等比例的缩放方式可以保持金字塔的结构一致性，并且便于特征的提取和匹配。通过逐层缩放图像，可以获取不同尺度的图像版本，从而能够捕捉到不同尺度目标的细节和特征。

在图像金字塔中，较高层级的图像具有较低的分辨率，因此更适合用于检测和定位较大尺寸的目标，而较低层级的图像具有较高的分辨率，适合用于检测和定位较小尺寸的目标。通过多层级的图像金字塔，可以在不同尺度范围内对运动目标进行全面的观察和分析。

金字塔的层级数和每个层级的尺度需要根据具体的应用需求进行选择。对于一些场景，可能需要更多的层级和较小的尺度步长来确保捕捉到细微的尺度变化和小尺寸目标。而在其他场景中，可以选择较少的层级和较大的尺度步长来加快计算速度和减少冗余特征。

（三）金字塔构建

图像金字塔构建是基于分层码本模型的运动目标监测方法的重要步骤。它通过逐层缩放原始图像，生成不同分辨率的图像，为后续的特征提取和目标检测提供多尺度的输入。在金字塔的构建过程中，常见的方法包括高斯金字塔和拉普拉斯金字塔。

1. 高斯金字塔

高斯金字塔是通过平滑滤波器进行图像缩放得到的。具体步骤如下：

第一层级（最底层）为原始图像。

对当前层级的图像应用高斯滤波器，降低图像的高频信息，生成下一层级的图像。

重复上述步骤，直到达到金字塔的最高层级。

高斯金字塔的构建过程实质是通过不断进行平滑操作，将图像的尺度逐渐降低，生成具有不同分辨率的图像。

2. 拉普拉斯金字塔

拉普拉斯金字塔是通过从较高分辨率图像中减去经过放大的低分辨率图像得到的。具体步骤如下：

对原始图像进行高斯滤波，得到第一层级的图像。

在第一层级的图像上采样，使其与原始图像的尺寸相同，得到下一层级的图像。

将上一层级的图像从当前层级的图像中减去，得到差异图像。

重复上述步骤，直到达到金字塔的最高层级。

拉普拉斯金字塔的构建过程通过计算图像之间的差异，得到了一系列的差异图像。这些差异图像表示了原始图像在不同尺度下的细节信息。

3.金字塔层级的特征

每个金字塔层级代表了原始图像的不同尺度和分辨率。较高层级的图像具有较低的分辨率，可以捕捉到大尺度目标的信息。较低层级的图像具有较高的分辨率，可以捕捉到小尺度目标的信息。通过构建图像金字塔，我们可以在不同尺度下对图像进行处理和分析，从而增强对目标检测的能力。

4.金字塔层级的存储

在金字塔的构建过程中，需要将每个金字塔层级的图像存储起来，以便后续的分层码本构建和目标检测操作。一种常见的方法是使用数据结构（如数组或列表）来组织和管理金字塔层级的图像。对于每个层级，可以使用一个独立的数据结构来保存对应的图像数据。

可以使用以下数据结构来表示金字塔层级的图像：

（1）数组

可以使用一维或二维数组来存储图像数据。对于一维数组，可以使用索引来表示不同的层级，每个元素存储对应层级的图像数据。对于二维数组，可以使用行和列来表示层级和图像的位置，每个元素存储对应位置的图像数据。

（2）列表

可以使用列表来存储每个层级的图像数据。每个元素表示一个层级的图像，可以通过索引来访问不同层级的图像数据。

采用适当的数据结构和存储方式，可以有效地管理金字塔层级的图像数据，并方便后续的处理和分析操作。通过图像金字塔的构建，得到了不同尺度和分辨率的图像，为后续的分层码本模型提供了多样化的输入。这样可以更好地适应不同尺度的目标，并提高对运动目标的检测和跟踪性能。金字塔层级的构建是基于分层码本模型的关键步骤之一，为后续的特征提取和目标检测奠定了基础。

二、分层码本模型构建

针对每个金字塔层级，分别构建对应的分层码本模型。对于每个层级的图像，可以使用之前介绍的基于块截断编码理论的分层码本构造方法，如块分割、块内像素量化等步骤，来生成该层级的分层码本。这样，每个层级都有自己的码本用于描述该层级中的图像特征。

（一）块分割

将每个金字塔层级的图像划分为不重叠的块。每个模块包含一定数量的像素，并且块的大小通常是固定的。这个过程类似于在图像金字塔构建中的块分割操作，但是这里我们对每个层级都进行块分割。

1. 定义块的大小和形状

确定每个块的大小和形状。块的大小通常是根据应用需求和图像尺寸进行选择的。常见的块形状包括矩形和正方形，可以根据实际情况选择合适的形状。

2. 块地划分

对于每个金字塔层级的图像，按照设定的块大小和形状，将图像划分为不重叠的块。可以使用滑动窗口的方式，从图像的左上角开始，以设定的步长在图像上滑动，依次划分出块。确保每个块的大小和形状与设定的一致。

3. 边界处理

在进行块分割时，需要考虑图像边界的处理。通常有两种处理方式：第一，忽略边界块。如果图像边界处的像素数量不足以形成完整的块，可以选择忽略这些边界块。第二，填充边界块。如果图像边界处的像素数量不足以形成完整的块，可以使用填充操作，对边界块的像素进行补充，使其达到块的大小。

4. 块地表示

每个模块可以用一个特征向量来表示，以描述块内的像素信息。这个特征向量可以包括各种特征，例如颜色直方图、纹理特征等。特征的选择取决于具体的应用需求和图像内容。

通过块分割操作，我们将每个金字塔层级的图像划分为一系列不重叠的块，为后续的分层码本构建奠定了基础。每个块代表了图像的局部区域，通过对块的特征进行提取和编码，可以更好地捕捉图像中的细节和局部特征，提高分层码本模型的表示能力和适应性。

（二）块内像素量化

对于每个块，计算其平均颜色值，并将该块中的每个像素与平均颜色值进行比较。根据比较结果，将像素量化为两个类别：属于该块的平均颜色值的像素和不属于该块的平均颜色值的像素。这个步骤与基于块截断编码理论的分层码本构造中的块内像素量化是一致的。

1.计算块的平均颜色值

对于每个块，首先计算该块内所有像素的平均颜色值。平均颜色值可以通过计算块内所有像素的颜色分量（如红、绿、蓝通道）的平均值得到。这个平均颜色值代表了该块的整体颜色特征。

2.像素与平均颜色值的比较

对于块内的每个像素，将其与块的平均颜色值进行比较。可以使用欧氏距离或其他距离度量来衡量像素与平均颜色值之间的差异程度。

3.像素量化

根据像素与平均颜色值的比较结果，将像素量化为两个类别：属于该块的平均颜色值的像素和不属于该块的平均颜色值的像素。通常，我们可以使用二值化的方式将像素划分为这两个类别，即将属于该块的像素设置为一个特定的值（例如1），将不属于该块的像素设置为另一个特定的值（例如0）。

4.量化结果编码

将量化后的像素类别编码成码字。对于每个块，可以使用一个二进制码字来表示其像素量化结果。例如，如果块内的像素量化结果属于该块的平均颜色值，则对应的码字为1；如果像素不属于该块的平均颜色值，则对应的码字为0。

通过块内像素量化，我们将块内的像素根据其与块的平均颜色值的比较结果进行二值化，并将其表示为相应的码字。这种量化方式有助于减少块内的像素信息，提取出更具代表性的特征。量化后的结果将用于后续的码本构建和目标检测操作。

需要注意的是，每个金字塔层级的分层码本是独立构建的，即每个层级的图像特征都有自己的码本。这样做的好处是可以针对不同尺度和分辨率的目标进行更精细的建模和描述，增强了模型对多尺度目标的适应能力。同时，每个码本都可以根据需要进行独立的更新和维护，保证模型的鲁棒性和灵活性。

在实际应用中，基于图像金字塔的分层码本模型可以用于对运动目标的监测和跟踪。首先，通过图像金字塔的构建，获得了不同尺度和分辨率的图像，为目标的多尺度分析提供了基础。其次，针对每个金字塔层级，构建了对应的分层码本模型，用于描述该层级中的图像特征。最后，利用分层码本模型对目标进行检测和跟踪，可以在不同尺度下更准确地定位和识别目标。

总之，基于图像金字塔的分层码本模型是一种有效的运动目标监测方法，通过构建多层次的码本模型，能够适应不同尺度和分辨率的目标，并提高对目标的检测性能。这种方法结合了图像金字塔的多尺度分析和分层码本的特征描述，具有广泛的应用前景，在视频监控、行人检测、交通分析等领域具有重要价值。

三、目标检测与跟踪

对于待处理的图像序列，首先对其进行图像金字塔分解，得到不同层级的图像。然后，对每个金字塔层级的图像应用相应的分层码本模型。通过将图像分块、计算块的特征向量并使用码本编码，可以得到每个块对应的码字表示。利用码字的匹配和相似度比较，可以检测和跟踪图像序列中的运动目标。

（一）目标检测

通过对码字的匹配和相似度比较，完成对运动目标的检测。在当前层级的图像中，对每个块的码字与分层码本进行匹配。如果块的码字与某个码本的相似度超过预设阈值，则认为该块属于相应的目标类别。根据码本的位置信息，可以确定目标在当前层级图像中的位置和边界框。

对于当前层级的图像，对每个块的码字与分层码本进行匹配。可以使用各种相似度量方法，如欧氏距离、余弦相似度等，计算块的码字与码本之间的相似度。

设置一个相似度阈值，如果块的码字与某个码本的相似度超过该阈值，则认为该块属于相应的目标类别。

根据码本的位置信息，确定目标在当前层级图像中的位置和边界框。根据块在图像中的位置和尺寸，可以计算出目标的位置、大小和边界框的位置。

（二）目标跟踪

在后续的图像序列中，根据目标在前一帧中的位置和边界框，利用光流估计等方法，对目标进行跟踪。可以在相邻层级的图像中进行跟踪，通过匹配码字并计算运动矢量来确定目标在下一帧中的位置。

1.前一帧目标位置

在目标跟踪开始时，首先需要获取目标在前一帧中的位置和边界框。这可以通过目标检测步骤中的目标位置确定或通过用户手动指定。

2.图像金字塔分解

对当前帧的图像进行金字塔分解，得到不同层级的图像。金字塔的最底层对应原始图像，而较高层级的图像具有较低的分辨率。

3.目标跟踪

对于相邻层级的图像，从前一帧中的目标位置开始，在每个层级中搜索目标的新位置。可以使用光流估计等方法来计算目标在当前层级中的运动矢量。

根据码字的匹配和相似度比较，在当前层级的图像中对搜索窗口内的块进行码字匹配。计算搜索窗口内每个块的码字与码本之间的相似度，并选择与目标类别码本最相似的地块作为新的目标位置候选。

利用码本的位置信息，确定目标在当前层级图像中的位置和边界框。根据新位置的块在图像中的位置和尺寸，可以计算出目标的位置、大小和边界框的位置。

将目标位置更新为新的位置，并将其作为下一帧的前一帧目标位置。

通过基于图像金字塔的分层码本模型进行目标跟踪，可以在不同层级的图像中搜索目标位置，通过码字匹配和运动矢量估计来确定目标在下一帧中的位置。分层码本提供了一种有效的目标表示和匹配方式，通过多层级的搜索和融合，能够适应目标尺度和图像的变化，提高目标跟踪的准确性和稳定性。

通过基于图像金字塔的分层码本模型，可以在不同尺度和分辨率下进行目标检测和跟踪。分层码本模型利用了图像金字塔的多尺度特性，通过局部特征的提取和编码，实现了对运动目标的有效描述和表示。该方法在处理不同尺度目标、适应不同场景变化的图像序列中具有较好的性能。

四、多层级信息融合

由于图像金字塔包含不同尺度和分辨率的图像信息，可以通过多层级信息融合来提高目标检测和跟踪的准确性。例如，可以根据不同层级的码本模型对目标进行多尺度的描述和建模，结合各层级的检测结果来提高目标的定位和识别性能。

（一）不同层级的特征融合

每个金字塔层级都代表图像的不同尺度和分辨率。较高层级的图像具有较低的分辨率，可以捕捉到大尺度目标的信息；而较低层级的图像具有较高的分辨率，可以捕捉到小尺度目标的信息。因此，通过将不同层级的特征进行融合，可以综合考虑不同尺度目标的信息，提高对目标的定位和识别性能。

1. 特征融合

特征融合的目标是综合不同层级的特征表示，以充分利用多尺度信息。常见的特征融合策略包括加权求和、特征连接和特征堆叠。

加权求和策略。对于每个金字塔层级提取的特征，可以为其分配权重，并进行加权求和。权重可以基于经验设置，也可以通过学习算法自动确定。加权求和的优势在于简单直观，易于实现。

特征连接策略。特征连接是将不同层级的特征按照通道或特征向量的方式连接在一起，形成更丰富的特征表示。

特征堆叠策略。特征堆叠是将不同层级的特征在特征维度上堆叠起来，形成更高维度的特征表示。这种融合策略可以更全面地捕捉不同尺度下的目标信息。

2. 多尺度目标定位和识别

通过不同层级的特征融合，可以从多个尺度对目标进行定位和识别。较高层级的特征适合于定位大尺度目标，而较低层级的特征适合于定位小尺度目标。通过综合不同层级的特征，可以在多个尺度上对目标进行更准确的定位和识别，提高对目标检测的准确性和鲁棒性。

3. 权重调整和信息融合

不同层级的特征可能具有不同的可信度和重要性。在特征融合过程中，可以根据层级的贡献和可靠性对特征进行加权。可以通过设置权重来调整不同层级的贡献，使得更可靠的层级具有更高的权重。这样可以确保在融合过程中更重要的特征对目标检测和识别起到更大的作用。

（二）码本模型的多层级描述

对于每个金字塔层级，可以构建对应的分层码本模型。每个层级的码本用于描述该层级中的图像特征。多层级的码本描述，可以提供更全面的目标特征信息。在目标检测中，可以对每个层级的码字进行匹配和相似度比较，结合各层级的检测结果来提高目标定位和分类的准确性。

1. 多层级码本构建

对于图像金字塔中的每个层级，通过特征提取和编码方法构建对应的码本模型。通常采用局部特征描述子（如 SIFT、HOG）或卷积神经网络（CNN）等方法从图像中提取特征。然后对提取到的特征进行聚类，将每个聚类中心作为一个码字。对于每个层级，都生成一个独立的码本，用于描述该层级中的图像特征。

2. 特征提取和码字匹配

对于待处理的图像序列，首先进行图像金字塔分解，得到不同尺度和分辨率的图像。然后在每个金字塔层级上应用相应的分层码本模型。对于每个层级的图像，通过特征提取方法提取每个块的特征向量。将这些特征向量与该层级对应的码本进行匹配，并计算相似度或距离度量。通过比较特征向量与码本的相似度，可以确定每个块对应的码字表示。

3. 多层级信息融合

在多层级码字匹配的基础上，结合各层级的检测结果进行信息融合。一种常见的方法是使用加权融合策略。对于不同层级的检测结果，可以根据层级的重要性给予不同的权重。例如，较高层级的特征可能具有较高的权重，因为它们能够捕捉到更大尺度的目标信息。通过对各层级的检测结果进行加权融合，可以得到综合的目标检测和分类结果。

4. 目标定位和分类

通过多层级信息融合，得到最终的目标定位和分类结果。可以根据加权融合的结果确定目标在图像中的位置和边界框。同时，根据目标在不同层级的特征表示，进行目标的分类识别。可以使用分类器（如支持向量机、深度学习网络）对目标进行分类，或者根据码本中的聚类标签进行目标类别的预测。

（三）多层级目标位置融合

在目标跟踪中，可以通过在不同层级的图像中进行目标位置的搜索和匹配，获得多个层级的目标位置估计。然后可以根据不同层级的目标位置信息进行融合，得到最终的目标位置和边界框。这种多层级目标位置的融合能够更准确地捕捉到目标在不同尺度下的运动和变化。

1. 目标位置估计

在每个金字塔层级上，通过目标检测或目标跟踪算法估计目标的位置和边界框。这可以使用各种方法，如基于特征匹配、滤波器跟踪、卷积神经网络等。在每个层级上，得到的目标位置信息可以包括目标中心点的坐标、边界框的宽度和高度等。

2. 多层级目标位置融合

在多层级目标位置融合过程中，需要考虑不同层级的重要性和精度。通常，较高层级的图像具有较低的分辨率，可以捕捉到大尺度目标的运动信息；而较低层级的图像具有较高的分辨率，可以捕捉到小尺度目标的运动信息。因此，可以根据应用需求设置不同层级的权重，如根据层级的分辨率、可靠性或重要性进行权重分配。

3. 加权目标位置融合

在多层级目标位置融合过程中，根据设定的权重对每个层级的目标位置进行加权。一种常见的方法是根据层级的分辨率，分配较高层级较低的权重，以减小较高层级的位置误差对最终结果的影响。然后对每个层级的目标位置进行加权平均，得到最终的目标位置估计结果。

4.目标位置更新

在目标跟踪的连续过程中，目标位置需要不断更新以适应目标的运动和变化。在每个时间步骤中，根据当前的图像帧和已经融合的多层级目标位置，使用目标跟踪算法对目标位置进行预测和更新。这样可以在连续的帧中迭代更新目标位置，并进一步提高目标跟踪的准确性和鲁棒性。

多层级目标位置融合的方法，可以充分利用不同层级的目标位置信息，从而提供更准确和细致的目标跟踪结果。

（四）权重调整和信息更新

不同层级的信息可能具有不同的可信度和重要性，可以设置权重来调整不同层级的贡献，使得更可靠的层级具有更高的权重。此外，在连续的图像序列中，可以根据目标的运动特性和场景变化情况，动态调整不同层级的权重和码本模型，以适应目标的运动和外观变化。

1.权重调整

不同层级的信息可能具有不同的可信度和重要性。为了更好地利用多层级的信息，可以通过设置权重来调整各个层级的贡献。权重的设定可以基于层级的分辨率、可靠性或重要性等因素。一种常见的方法是根据层级的分辨率设置权重，较高层级的分辨率较低，可以赋予较低的权重，以减小较高层级的位置误差对最终结果的影响。通过适当的权重调整，可以平衡各个层级的信息贡献，从而提高目标检测和跟踪的精度和鲁棒性。

2.动态权重调整

在连续的图像序列中，目标的运动特性和场景变化可能会导致不同层级的信息贡献发生变化。因此，动态调整权重可以进一步提高对目标检测和跟踪的性能。动态权重调整可以基于目标的运动状态、速度、尺度变化等因素来确定。例如，在目标的运动速度较快时，较高层级的权重可以增加，以便更好地捕捉到目标的整体运动信息。根据实时场景和目标特性动态调整权重，可以适应不同目标的运动和外观变化，提高对目标监测和跟踪的准确性和鲁棒性。

3.信息更新

在连续的图像序列中，目标的位置和外观会随时间发生变化。因此，及时更新信息对于准确的目标监测和跟踪至关重要。通过不断获取新的图像帧并对其进行处理，可以更新每个层级的码本模型和目标位置信息。在每个时间步骤中，根据当前的图像帧和已经融合的多层级目标位置，使用目标跟踪算法进行目标位置的预测和更新。这样可以在连续的帧中迭代更新目标位置，并进一步提高对目标跟踪的准确性和鲁棒性。

第四章 基于视觉的运动目标跟踪算法

第一节 运动目标跟踪算法的分类

各类跟踪算法最关键的环节是目标运动模型和观测模型的设计，几乎所有的跟踪算法研究都是从这两部分展开讨论研究的。其中，目标运动模型较成熟，如一阶运动模型、二阶运动模型、自回归模型等；观测模型为算法的核心部分，由于能表示目标的特征信息较多，目前尚未有成熟的模型。国内外相关研究人员对视频目标跟踪做了大量研究，综合运用了图像匹配、视频压缩、模式识别、非线性滤波等技术，提出了许多在某种具体应用场合行之有效的跟踪算法。由于视频跟踪算法种类众多，下面介绍目前较常见的几类跟踪算法。

一、基于区域匹配的跟踪方法

基于区域匹配的跟踪方法是一种常见的基于视觉的运动目标跟踪算法。该方法利用图像的相关匹配理论进行目标跟踪，并尝试解决灰度差异、随机噪声和部分遮挡等问题。然而，该方法在应对复杂多变背景和多目标数据关联的跟踪应用场景时存在一定的局限性。

（一）基本原理

基于区域匹配的跟踪方法借助图像的相关性进行目标跟踪。通常，该方法通过计算像素点灰度值的相关性来度量图像之间的相似度。然而，由于灰度差异、随机噪声和部分遮挡等因素的存在，仅仅依靠图像灰度进行相关匹配的方法往往无法获得高性能和高可靠性的跟踪结果。

基于区域匹配的跟踪方法是一种常见的视觉运动目标跟踪算法，其基本原理是利用图像的相关性进行目标的定位和跟踪。该方法通过计算目标模板与候选目标区域之间的相似度来确定目标在连续帧中的位置。

首先，在跟踪开始之前，需要选择一个初始的目标模板。目标模板通常是在第一帧中手动标定的目标区域，可以是目标的矩形边界框。这个目标模板应该准确地包含目标的主要特征，以便在后续的帧中进行匹配。

接下来，在每个时间步骤中，算法会在当前帧中搜索与目标模板最相似的候选目标区域。常用的相似度量方法是计算两者之间的灰度相关性。具体而言，通过比较目标模板和候选目标区域中对应像素的灰度值，来度量它们之间的相似度。相似度越高，表示候选区域与目标模板越相似。

为了实现区域匹配，可以使用相关滤波器或其他相关性度量方法来计算相关性分数。相关滤波器利用目标模板和候选目标区域的频域表示，通过滤波操作计算相关性分数。相关性分数表示目标模板与候选目标区域的匹配程度，常用的度量指标包括互相关系数、归一化互相关系数等。

在计算出相关性分数后，可以选择分数最高的候选目标区域作为当前帧中的目标位置。一旦确定了目标的位置，就可以对目标模板进行更新，以适应目标在连续帧中的变化。更新可以通过更新目标模板的图像块或采用自适应的模型等方法来实现。

需要注意的是，基于区域匹配的跟踪方法在处理光照变化、目标遮挡和背景干扰等复杂情况时存在一定的限制。因此，为了提高跟踪算法的鲁棒性和准确性，可以结合其他技术和策略，如背景建模、目标形状建模、运动估计等进行改善。

（二）改进方法——区域分割

一种改进的匹配方法是采用不同位置目标区域分属于不同隶属度的相关性度量方法。该方法利用自适应多阈值、灰度域和空间域相结合的图像分割技术，对图像的加权区域模板进行相关性匹配。通过引入区域分割的概念，该方法可以在一定程度上提高算法的性能，但没有彻底解决问题。

1.图像分割

采用图像分割技术将输入图像分割为不同的区域。图像分割可以基于灰度域、颜色域或纹理域等特征进行。常见的图像分割方法包括阈值分割、区域生长、边缘检测、聚类分析等。分割后的图像区域可以用于后续的目标匹配。

2.区域模板的加权

对于每个分割得到的图像区域，为其分配一个相应的权重或隶属度。权重可以根据区域的特征、大小、位置等进行分配，也可以根据先前帧中的跟踪结果进行更新。通过权重的分配，可以更准确地表示目标在不同区域中的重要程度。

3.相关性度量

针对每个区域，采用自适应多阈值的相关性度量方法来计算与目标模板的相似度。该方法结合了灰度域和空间域的特征，并利用多个阈值来适应不同区域的特性。具体而言，可以根据区域的权重设置不同的阈值，从而在相关性计算中为不同区域赋予不同的重要度。

4.目标位置确定

根据相关性度量的结果，选择具有最高相关性的区域作为当前帧中目标的位置。区域分割和相关性度量相结合，可以更准确地定位目标，并提高跟踪算法的鲁棒性。

需要注意的是，该改进方法没有彻底解决基于区域匹配的跟踪方法在处理光照变化、目标遮挡和背景干扰等复杂情况时的限制问题。因此，在实际应用中，可以结合其他技术和策略，如背景建模、运动估计、目标形状建模等，以进一步提高跟踪算法的性能和鲁棒性。

（三）改进方法——纹理模板

另一种改进的方法是采用图像的纹理模板进行匹配。图像的纹理信息是根据邻域内像素灰度在水平和垂直方向上的变化提取的二值化矩阵。然后，根据相似性度量方法分别判别水平和垂直方向二值化图像矩阵之间的相关性，最后综合这两个方向上的置信度得到目标匹配的置信度。通过引入纹理信息，该方法可以提高跟踪算法的性能。

1.纹理模板提取

通过提取图像的纹理信息来构建纹理模板。纹理可以通过计算邻域内像素灰度在水平和垂直方向上的变化来表示。一种常用的方法是利用灰度共生矩阵（GLCM）来描述纹理特征。GLCM可以计算图像中像素对之间的灰度值关系，并生成二值化的纹理矩阵。

2.相似性度量

针对纹理模板，采用相似性度量方法来计算目标模板和候选目标区域之间的相关性。在这种改进方法中，可以分别在水平和垂直方向上进行相似性度量。具体而言，可以根据二值化纹理矩阵在水平和垂直方向上的匹配情况，计算两者之间的相关性分数。相关性分数越高，表示候选目标区域与目标模板的纹理特征越相似。

3.置信度综合

在计算了水平和垂直方向上的相关性分数后，可以将它们综合起来得到目标匹配的置信度。一种常见的方法是通过加权平均或加权求和的方式，将两个方向上的相关性分数进行综合。权重可以根据实际情况进行调整，以平衡水平和垂直方向对于目标匹配的贡献。

4.目标位置确定

根据综合的置信度，选择具有最高置信度的候选目标区域作为当前帧中目标的位置。通过引入纹理模板和纹理特征的相似性度量，该方法可以提高跟踪算法在纹理变化较大的情况下的性能。

需要注意的是，纹理模板的提取和相似性度量方法的选择需要根据具体的应用场景和目标特征进行调整。在实际应用中，还可以结合其他技术和策略，如运动估计、背景建模、形状建模等，以进一步提高跟踪算法的准确性和鲁棒性。

（四）局限性

基于区域匹配的跟踪方法存在一些局限性。首先，在复杂多变背景和多目标数据关联的跟踪应用场景中，该方法的性能可能受到限制。其次，图像分割是该方法的关键步骤，而实际应用中各种干扰可能会影响图像分割的结果，进而影响跟踪的准确性。最后，基于区域匹配的跟踪方法在本质上更接近运动目标检测过程，无法直接适用于复杂多变背景和多目标数据关联的跟踪应用场景。

1.复杂多变背景和多目标数据关联的挑战

基于区域匹配的跟踪方法在面对复杂多变的背景和多目标数据关联时可能面临挑战。复杂背景中存在大量干扰元素，如纹理变化、光照变化、遮挡等，这些因素会导致目标与背景之间的相似度增加，使得匹配过程变得困难。同时，多目标数据关联问题也会增加跟踪算法的复杂性，需要解决目标之间相互遮挡和相互干扰的问题。

2.图像分割的影响

基于区域匹配的跟踪方法通常需要进行图像分割来提取目标区域。然而，实际应用中，图像分割可能受到各种干扰的影响，如光照变化、噪声、模糊等，这些因素可能导致分割结果的不准确。如果分割结果不准确，将会影响跟踪算法对目标的定位和匹配，进而降低跟踪的准确性。

3.适用性限制

基于区域匹配的跟踪方法在本质上更接近运动目标检测过程，无法直接适用于复杂多变背景和多目标数据关联的跟踪应用场景。在这些场景中，目标的特征可能会发生剧烈变化，或者目标之间存在相互遮挡和相互干扰的情况，这就要求跟踪算法具备更强的鲁棒性和适应性。

（五）解决复杂场景问题的方法

为了突破基于区域匹配的跟踪方法在复杂场景下的限制，研究人员提出了一些改进的方法和技术，以提高目标跟踪的准确性和鲁棒性。其中，结合其他视觉特征是一种常见的策略。这些视觉特征包括颜色、纹理和形状等，将它们与区域匹配方法相结合，可以更好地描述目标的外观、纹理和形状信息。

1.颜色特征

颜色是物体的重要视觉属性，利用颜色特征可以增强目标跟踪算法在复杂场景中的性能。一种常用的方法是使用颜色直方图来描述目标的颜色分布情况。颜色直方图统计了图像中各个颜色的频次，通过比较目标模板和候选目标区域的颜色直方图，可以度量它们之间的相似性。

2.纹理特征

纹理是物体表面的细节和结构信息，利用纹理特征可以提高目标跟踪算法在复杂场景中的鲁棒性。常用的纹理特征表示方法包括局部二值模式（LBP）、方向梯度直方图（HOG）和灰度共生矩阵（GLCM）等。这些方法可以提取出目标区域的纹理特征，并与区域匹配方法结合使用。

3.形状特征

形状是目标的轮廓或几何结构信息，利用形状特征可以提高目标跟踪算法在复杂场景中的准确性。常用的形状特征表示方法包括边界框、椭圆拟合和轮廓描述子等。这些方法可以提取出目标的形状特征，并用于匹配目标模板和候选目标区域。

结合这些视觉特征通常是通过特征融合的方式实现的。一种常见的融合方法是使用加权融合，即给每个特征分配一个权重，然后将它们加权相加或相乘得到最终的相似度得分。另一种方法是使用级联分类器，即将不同特征的分类器级联起来，以实现更精确的目标跟踪。

二、基于轮廓的跟踪方法

基于轮廓的跟踪方法是一种常用的视觉目标跟踪方法，它主要利用目标的轮廓信息进行目标的定位和跟踪。虽然该方法在计算效率上具有优势，并且对目标的描述相对简单，但也存在一些局限性和挑战。

（一）轮廓提取

基于轮廓的跟踪方法首先需要提取出目标的轮廓。轮廓提取是一个关键步骤，其准确性直接影响跟踪算法的性能。常用的轮廓提取算法包括边缘检测、二值化、连通区域检测等。然而，在复杂场景中，目标的轮廓可能会受到光照变化、噪声、遮挡等因素的影响，导致轮廓提取困难和准确性降低。

1.边缘检测

边缘检测是轮廓提取的一种常用方法。它通过检测图像中灰度值或颜色变化较大的区域来确定目标的边界。常用的边缘检测算法包括 Canny 边缘检测、Sobel 算子、Laplacian 算子等。这些算法基于图像梯度和边缘响应来提取目标的边缘信息。

2.二值化

二值化是将图像转换为二值图像的过程，即将像素灰度值转换为黑白两种取值。在轮廓提取中，二值化可以帮助将目标的边界与背景区分开来。常见的二值化方法有全局阈值法、自适应阈值法和基于直方图的阈值法等。选择适当的阈值，可以将目标与背景分离，并提取出目标的轮廓。

3.连通区域检测

连通区域检测是一种将图像中具有相同像素值或相似属性的像素组织为连通区域的方法。在轮廓提取中，连通区域检测可以将目标的轮廓从图像中提取出来。常用的连通区域检测算法有基于 4 邻域或 8 邻域的连通区域标记算法、区域增长算法等。这些算法通过像素之间的连接关系，将属于同一目标的像素组织为连通区域，并提取出目标的轮廓。

然而，在复杂场景中，轮廓提取面临一些困难和挑战。首先，光照变化会导致目标的边缘模糊或丢失，使轮廓提取不准确。其次，噪声和图像伪影可能干扰轮廓提取过程，使得提取的轮廓不完整或包含噪声。最后，目标的遮挡情况也会导致轮廓提取困难，特别是当目标与背景相似或与其他目标重叠时。

（二）目标分割

在目标跟踪过程中，目标的形状和大小可能会发生变化，尤其是在存在遮挡或目标运动过程中。为了准确地跟踪目标，需要对目标进行分割，以区分目标和背景。常用的方法是利用轮廓特征和拐点信息对目标进行分割。然而，当目标与背景相似或目标之间存在相互遮挡时，目标的分割变得困难，导致跟踪算法的准确性下降。

1. 目标形状变化

在运动目标跟踪过程中，目标的形状可能会发生变化，例如目标的伸缩、形变等。这种形状变化会导致目标的轮廓发生变化，使目标分割变得困难。为了解决这个问题，可以采用自适应的目标形状建模方法，利用历史信息对目标的形状进行建模和预测，从而实现准确的目标分割。

2. 目标遮挡

在复杂场景下，目标之间可能存在相互遮挡的情况，这会导致目标分割困难。当目标被遮挡时，其轮廓可能部分或完全丢失，导致分割算法无法准确地将目标与背景区分开。为了解决目标遮挡问题，可以采用多目标分割的方法，将遮挡的目标与背景分开处理，并结合运动信息、颜色特征等进行目标的重新匹配和分割。

3. 目标与背景相似

在一些复杂场景中，目标与背景可能具有相似的颜色、纹理或形状特征，这会导致目标分割困难。当目标与背景相似时，传统的基于轮廓的分割方法往往无法准确地将它们区分开。为了解决这个问题，可以结合其他视觉特征，如颜色、纹理、形状等，采用多特征融合的方法进行目标分割。通过综合分析多种特征，可以提高目标分割的准确性和鲁棒性。

4. 噪声和图像伪影

在实际图像中，存在噪声和图像伪影的干扰，这会对目标分割造成影响。噪声和图像伪影可能会导致轮廓提取不准确，使得目标的边界模糊或不连续。为了降低噪声的影响，可以采用滤波和去噪等图像处理方法。常用的去噪技术包括均值滤波、中值滤波、高斯滤波等。这些方法可以平滑图像，减少噪声的干扰，从而提高目标分割的准确性。

5. 鲁棒性和适应性

为了提高目标分割的鲁棒性和适应性，可以采用基于学习的方法。例如，可以使用机器学习算法，如支持向量机（SVM）、随机森林（Random Forest）、卷积神经网络（CNN）等来学习目标与背景的特征模型。这样的学习模型可以根据不同的场景和目标自适应地进行目标分割，并具有一定的鲁棒性。

总的来说，目标分割是基于轮廓的跟踪方法中的重要环节。面对目标形状变化、目标遮挡、目标与背景相似以及噪声和图像伪影等困难，可以采用自适应的形状建模、多目标分割、多特征融合、去噪处理以及基于学习的方法等技术手段，来提高目标分割的准确性和鲁棒性，从而实现精确的目标跟踪。

（三）目标交叠和遮挡

在复杂场景中，多个目标可能会相互交叠或发生遮挡现象。这会导致基于轮廓的跟踪算法无法准确地分割出目标，从而影响跟踪的准确性和连续性。目标交叠和遮挡的情况增加了目标分割和匹配的难度，需要引入更复杂的模型和算法来解决这一问题。

首先，为了解决目标交叠和遮挡的问题，研究人员提出了基于分割的方法。这些方法将图像分割为多个区域或子区域，以更好地处理目标交叠和遮挡的情况。常用的图像分割算法包括基于图割的分割、基于区域增长的分割等。将图像分割为不同的区域，并对这些区域进行匹配和跟踪，可以准确地确定目标的位置和形状。

其次，引入多目标分割方法来解决目标交叠和遮挡的问题。这种方法将目标分割问题转化为同时分割多个目标的问题。在目标交叠和遮挡的情况下，算法需要同时处理多个目标的轮廓。为了实现这一点，可以采用多个分割模型或多个匹配算法。例如，使用级联模型或层次模型来分别分割每个目标，并将它们组合以获取最终的目标分割结果。

再次，动态轮廓技术被广泛应用于解决目标交叠和遮挡的问题。这种方法根据目标的运动和形状变化自适应地调整目标的轮廓。通过跟踪目标的运动轨迹、使用预测模型或利用时间连续性等方式，可以动态地调整目标的轮廓。这种方法能够更好地适应目标交叠和遮挡的变化，提高跟踪算法的鲁棒性和准确性。

最后，多特征融合也是解决目标交叠和遮挡问题的方法。除了轮廓特征，还可以考虑颜色、纹理、运动等其他视觉特征。将多个特征进行融合和综合分析，可以提高目标分割的准确性和鲁棒性。例如，可以利用颜色直方图、纹理特征描述符和光流场等特征来更好地区分目标和背景，从而解决目标交叠和遮挡的问题。

（四）相似目标的区分

当图像中存在多个形状相似或相近的目标时，例如两个行人或两辆车，基于轮廓的跟踪算法可能会发生误跟踪。由于相似目标的轮廓特征接近，算法很难准确区分它们。这种情况下，需要结合其他视觉特征如颜色、纹理、运动信息等来进行更准确的目标识别和区分。

首先，颜色信息是一种常用的区分相似目标的特征。使用颜色直方图、颜色特征描述符或颜色模型等方法，可以对目标进行颜色特征的提取和表示。相似目标在颜色上可能存在细微的差异，通过对颜色特征的比较和分析，可以准确地识别和区分它们。例如，对于两个相似的行人，可以通过比较其衣服的颜色特征来区分它们。

其次，纹理信息也可以用于相似目标的区分。纹理描述了目标表面的细节和结构特征，相似目标在纹理上可能存在一些细微差异。利用纹理特征描述符如局部二值模式（LBP）、灰度共生矩阵（GLCM）等，可以提取目标的纹理信息。通过比较目标的纹理特征，可以有效区分相似目标。

再次，运动信息也是区分相似目标的重要特征。相似目标在运动模式上可能存在一些差异，例如行人的步态、车辆的运动方向等。通过光流估计、运动向量分析或运动轨迹预测等方法，可以提取目标的运动信息。通过比较目标的运动特征，可以增强目标的区分能力。

最后，多特征融合是综合利用多种特征来区分相似目标的方法。通过将轮廓特征、颜色特征、纹理特征和运动特征进行融合，可以得到更综合和全面的目标表示。融合的方法可以包括加权求和、特征融合网络或决策级融合等。综合考虑多种特征可以提高目标区分的准确性和鲁棒性。

为了区分相似目标，基于轮廓的跟踪方法可以结合其他视觉特征如颜色、纹理和运动信息。通过提取和比较这些特征，可以增强区分目标的能力，从而实现更准确的目标识别和跟踪。

三、基于特征点的跟踪方法

在基于轮廓的跟踪方法中，对相似目标的区分是一个具有挑战性的问题。当目标之间的轮廓特征非常接近时，传统的基于轮廓的跟踪算法往往无法准确识别和区分它们。为了解决这个问题，可以利用其他视觉特征来提高目标的区分能力。

（一）特征点的选择和提取

1. 特征点的定义

特征点是图像中具有独特性和稳定性的像素点，常分布在拐角、边界或有明显标记的区域。常见的特征点包括 Harris 角点、SIFT 特征点以及改进的 SURF 特征点等。

2.特征点提取

在目标跟踪的初始帧中，需要从图像中提取目标的特征点。这可以通过应用特征点检测算法来实现，例如 Harris 角点检测、SIFT 特征点检测等。利用这些算法可以在图像中寻找具有较高角度变化或灰度变化的像素点，并将其作为特征点进行提取。

（二）特征点的匹配和跟踪

1.特征点描述子

为了实现特征点的匹配，需要计算特征点周围区域的描述子。描述子是对特征点附近区域的抽象表示，通常具有一定的维度和特征信息。常用的描述子包括 SIFT 描述子、SURF 描述子等。

2.特征点匹配

在后续的帧中，采用特征点的搜索匹配算法来找到与初始帧中的特征点对应的特征点。一种常用的匹配方法是基于描述子的相似度计算，通过比较描述子之间的相似性来确定匹配关系。

3.目标跟踪

通过特征点的匹配，可以建立时间轴上特征点的对应关系，从而实现对目标的跟踪。跟踪算法通常会估计目标的运动参数，如平移和旋转，并利用这些参数来预测目标在下一帧中的位置。

（三）优点和局限性

1.优点

特征点分布在整个目标上，即使目标存在部分遮挡，仍可以跟踪目标上的其他特征点，从而实现连续跟踪。

基于特征点的跟踪方法理论上能够实现更精确的目标跟踪，相对于区域、轮廓、颜色等信息的跟踪算法，基于特征点的跟踪方法具有以下优点：

特征点具有局部稳定性和独特性，能够在图像中较好地表示目标的特征。这些特征点通常具有光照、尺度和仿射变换的不变性，使得它们在目标发生变化时仍能保持稳定。

特征点的提取和匹配相对较快，能够在实时应用中表现出较快的跟踪速度。

由于特征点分布在整个目标上，即使目标存在部分遮挡，仍可以跟踪目标上的其他特征点，保持目标的连续性。

2.局限性

然而，基于特征点的跟踪方法也存在一些局限性：

当目标发生旋转或形变时，部分特征点可能会消失，新的特征点可能会出现，导致跟踪失败或错误。

特征点的提取和匹配对图像质量和噪声敏感。在低质量图像或存在大量噪声的情况下，特征点的提取和匹配可能变得困难。

特征点的数量和分布对跟踪算法的准确性和鲁棒性有很大影响。当目标的纹理较少或特征点分布不均匀时，跟踪结果可能不准确或不稳定。

因此，基于特征点的跟踪算法的重点和难点在于目标模型的更新。这包括特征点的提取、保存和删除等问题。在跟踪过程中，需要及时更新特征点，并对新出现的特征点进行匹配和跟踪，以保持跟踪的准确性和连续性。

基于特征点的跟踪方法是一种有效的运动目标跟踪算法，通过利用图像中的特征点来建立时间轴上特征点的对应关系。它具有较高的精度和鲁棒性，能够应对目标的一些变化和遮挡情况。然而，在应用过程中需要解决特征点丢失、匹配错误等问题，以提高跟踪算法的性能和稳定性。

四、基于状态估计的跟踪

（一）状态空间模型和贝叶斯估计

为了解决实际问题，常采用数学模型来描述和分析，其中状态空间模型是一种常用的表示方法。状态空间模型将实际问题抽象为一个状态变量和观测变量的组合，并通过状态方程和观测方程描述它们之间的关系。贝叶斯估计是一种基于概率统计的方法，用于从观测数据中推断状态变量的最优估计。

1.状态空间模型

（1）状态空间模型的概念

状态空间模型将实际问题抽象为一个状态变量和观测变量的组合。状态变量表示目标在不同时间点上的内部状态，观测变量表示通过传感器获得的外部观测信息。

（2）状态方程

状态方程描述了状态变量在时间上的演化规律，通常用动力学方程或差分方程表示。

观测方程描述了状态变量和观测变量之间的关系，通常用传感器模型或测量方程表示。

（3）状态空间模型示例

以目标的位置和速度作为状态变量，通过运动学方程和传感器测量获得的位置信息作为观测变量，构建状态空间模型。

2. 贝叶斯估计

（1）贝叶斯估计的概念

贝叶斯估计是一种基于概率统计的方法，用于从观测数据中推断状态变量的最优估计。该方法利用贝叶斯定理将先验知识和观测信息相融合，得到后验概率分布。

（2）先验概率和后验概率

先验概率是在没有观测数据的情况下对状态变量的初始估计，后验概率是在观测数据给定的情况下对状态变量的更新估计。

（3）贝叶斯滤波

贝叶斯滤波是利用贝叶斯估计的思想进行状态估计的过程，通过递归地更新先验概率和后验概率，实现对状态变量的估计和预测。

（4）贝叶斯滤波算法示例

Kalman 滤波和粒子滤波是常用的贝叶斯滤波算法，通过迭代的更新状态的均值和协方差来实现状态估计。

（二）Kalman 滤波方法

对于线性系统和高斯噪声情况，Kalman 滤波方法提供了一种最优的递推滤波方案，达到了贝叶斯估计的最优性。Kalman 滤波方法适用于多变量时变系统和非平稳随机过程，通过递推计算状态的均值和协方差来实现对目标状态的估计和预测。

1. Kalman 滤波方法概述

滤波问题。在运动目标跟踪中，滤波问题指的是通过观测数据来估计目标状态的过程。Kalman 滤波方法提供了一种最优的递推滤波方案，能够实现对目标状态的估计和预测。

线性系统和高斯噪声。Kalman 滤波方法适用于线性系统和高斯噪声的情况。线性系统指的是系统的状态方程和观测方程均为线性函数，高斯噪声指的是系统的噪声服从高斯分布。

状态估计和预测。Kalman 滤波方法通过递推计算状态的均值和协方差来实现对目标状态的估计和预测。初始时，利用先验知识对状态进行初始化；随着观测数据的到来，根据观测方程更新状态的估计值和协方差；利用状态方程预测下一时刻的状态均值和协方差；通过迭代更新实现连续的状态估计和预测。

2. Kalman 滤波方法详解

（1）状态空间模型

Kalman 滤波方法基于状态空间模型，将目标的状态和观测抽象为状态变量和观测变量，并通过状态方程和观测方程描述它们之间的关系。状态方程描述了状态变量的演化规律，观测方程描述了状态变量和观测变量之间的关系。

（2）Kalman 滤波过程

预测步骤（时间更新）：利用状态方程预测下一时刻的状态均值和协方差。

更新步骤（观测更新）：根据观测方程和当前的观测数据，通过卡尔曼增益计算状态的更新估计值和协方差。

迭代更新：通过不断迭代进行预测步骤和更新步骤，实现连续的状态估计和预测。

（3）卡尔曼增益

卡尔曼增益是在更新步骤中将观测信息融合到状态估计中的重要参数。卡尔曼增益的计算基于状态的先验估计误差和观测噪声的协方差矩阵。卡尔曼增益越大，观测信息在状态估计中的影响就越大。

（4）预测误差协方差

预测误差协方差是指预测步骤中状态估计值与实际状态之间的差异的协方差矩阵。预测误差协方差表示了预测步骤的不确定性。随着观测数据的不断更新，预测误差协方差会逐渐减小。

递推公式：Kalman 滤波方法通过递推公式来更新状态的均值和协方差。递推公式包括预测步骤中的状态方程、协方差预测方程和卡尔曼增益计算，以及更新步骤中的状态更新方程和协方差更新方程。这些公式通过有效地结合先验信息和观测信息，实现了对状态估计和预测的连续更新。

过程噪声和观测噪声：在 Kalman 滤波中，系统的过程噪声和观测噪声模型是重要的参数。过程噪声表示了系统动态的不确定性，观测噪声表示了传感器测量的不确定性。通常假设过程噪声和观测噪声为高斯白噪声，并通过协方差矩阵来描述其特性。

3. Kalman 滤波方法的应用

（1）目标跟踪

Kalman 滤波方法在目标跟踪中得到了广泛应用。通过建立适当的状态空间模型和观测方程，利用 Kalman 滤波方法可以实现对目标的位置、速度等状态的估计和预测，从而实现对目标的准确跟踪。

（2）视觉 SLAM

Kalman 滤波方法也被应用于视觉 SLAM（同时定位与地图构建）中。通过将视觉观测和运动模型融合到 Kalman 滤波中，可以实现对相机姿态和地图的估计和更新，从而实现高精度的 SLAM。

（3）航空航天领域

Kalman 滤波方法在航空航天领域也具有重要应用。例如，它可以用于航空器的姿态估计和飞行轨迹预测。通过融合惯性测量单元（IMU）的加速度计和陀螺仪数据以及 GPS 定位数据，Kalman 滤波方法可以对航空器的准确姿态和位置进行估计，并能预测和修正飞行轨迹。

（4）机器人导航和定位

在机器人导航和定位领域，Kalman 滤波方法被广泛应用。将传感器数据（如激光雷达、摄像头、惯性测量单元等）与机器人的运动模型融合到 Kalman 滤波中，可以实现机器人的自主导航和准确定位。

（5）信号处理

Kalman 滤波方法在信号处理领域也有广泛应用。例如，在语音处理中，可以利用 Kalman 滤波方法对语音信号进行降噪和恢复。通过建立语音信号的状态空间模型和观测方程，利用 Kalman 滤波方法可以准确估计语音信号的干净版本。

（6）金融领域

Kalman 滤波方法在金融领域中也被广泛使用。例如，在股票市场上，可以利用 Kalman 滤波方法对股票价格进行预测和估计。通过建立股票价格的状态空间模型和观测方程，利用 Kalman 滤波方法可以实现对未来价格的预测和对当前价格的估计。

Kalman 滤波方法是一种基于状态估计的跟踪方法，适用于线性系统和高斯噪声的情况。通过建立状态空间模型、递推计算状态的均值和协方差，并利用卡尔曼增益将观测信息融合到状态估计中，Kalman 滤波方法实现了对目标状态的准确估计和预测。该方法在目标跟踪、视觉 SLAM、航空航天、机器人导航和定位、信号处理以及金融等领域都有广泛应用。

（三）非线性滤波和扩展 Kalman 滤波方法（EKF）

在许多实际应用中，观测数据和系统参数之间可能存在非线性关系。对于非线性滤波问题，目前还没有完善的解决方法，通常的做法是将非线性问题转化为近似的线性问题来求解。扩展 Kalman 滤波方法（EKF）通过在估计点附近使用泰勒级数展开来近似非线性函数，并用等效的线性函数替代非线性函数，从而得到原始非线性滤波问题的次优滤波方案。然而，这种近似方法可能引入较大的误差，导致滤波值和协方差阵的不准确性，甚至可能导致滤波器性能下降或发散。

1.非线性滤波问题

在实际应用中，许多系统的动态过程和观测模型之间存在非线性关系，例如目标运动的非线性动力学或传感器的非线性特性。这样的非线性关系给传统的线性滤波方法带来了挑战，因为线性滤波方法无法直接处理非线性系统。

2.扩展 Kalman 滤波方法（EKF）的基本原理

为了解决非线性滤波问题，扩展 Kalman 滤波方法（EKF）被提出并广泛应用。EKF 通过对非线性函数进行泰勒级数展开，然后使用线性函数来代替原始非线性函数。其基本原理可以概括为以下几个步骤：

（1）状态传播（预测）

根据系统的非线性状态方程，利用当前状态的估计值和输入信息对状态进行预测。通过将非线性函数在估计点附近进行泰勒级数展开，可以得到一个线性化的状态传播方程。

（2）状态更新（修正）

利用观测数据和非线性观测方程，通过计算卡尔曼增益来将观测信息融合到状态估计中。在 EKF 中，观测方程也被线性化，使其与状态方程保持一致。

（3）卡尔曼增益计算

卡尔曼增益用于权衡状态预测和观测更新之间的信息，通过最小化预测误差和观测误差的加权和来确定。

（4）更新状态估计

根据卡尔曼增益和观测数据，通过加权更新状态的估计值，得到更新后的状态估计值。

3. EKF 的局限性

尽管 EKF 在处理非线性滤波问题上取得了一定的成功，但它也存在一些局限性：

（1）线性化误差

EKF 通过对非线性函数进行线性化来近似系统的动态过程和观测模型。然而，线性化过程会引入近似误差，特别是在非线性函数变化较大的情况下，线性化可能导致较大的误差。

（2）卡尔曼增益的有效性

EKF 的性能高度依赖卡尔曼增益的准确性。在非线性问题中，卡尔曼增益的计算可能会受到线性化误差的影响，从而导致不准确的卡尔曼增益，进而影响状态估计的精度。

（3）发散问题

当系统具有较大的非线性性质或测量误差较大时，EKF 可能出现发散问题。由于线性化过程的近似性质，EKF 对非线性系统的估计可能产生较大误差，从而导致滤波器性能下降甚至出现发散现象。

（4）高计算复杂性

EKF 在每个时间步骤中需要进行状态预测、卡尔曼增益计算和状态更新等操作。对于高维状态空间或复杂非线性函数，EKF 的计算复杂性可能会变得很高，导致实时应用时出现效率问题。

（5）对初始条件的敏感性

EKF 对初始状态的选择和初始协方差的设定非常敏感。不准确的初始条件可能导致滤波器无法正确收敛或产生较大的估计误差。

为了克服 EKF 的局限性，研究人员提出了许多改进的非线性滤波算法，如无迹卡尔曼滤波（Unscented Kalman Filter，UKF）和粒子滤波算法（Particle Filter）。这些算法通过不同的方式处理非线性问题，提高了滤波器的性能和鲁棒性。

总结起来，尽管 EKF 是一种常用的非线性滤波方法，但在处理非线性问题时存在一定的局限性。研究人员需要进一步探索和改进滤波算法，以提高对非线性系统的估计精度和稳定性。

（四）基于蒙特卡罗方法的粒子滤波算法

基于蒙特卡罗方法的粒子滤波算法（Particle Filter）是一种用于跟踪运动目标的重要技术，在视觉跟踪领域得到广泛应用。该算法通过采样一组随机样本（粒子）来近似系统的后验概率密度函数，从而实现对目标状态的估计。

1. 算法基本思想

粒子滤波算法的基本思想是利用蒙特卡罗积分方法从状态空间中采样一组随机样本，通过对系统的概率密度函数进行数值逼近，使用样本均值代替复杂的高维积分运算，从而得到状态的最优估计。这些采样样本被称为粒子，因此该方法也被称为粒子滤波算法。

2. 算法步骤

粒子滤波算法包括以下几个关键步骤：

（1）初始化

在初始时刻，根据先验知识或先验分布，生成一组随机粒子，并赋予每个粒子相等的权重。

（2）预测

根据系统的状态转移方程，对每个粒子进行状态预测，以模拟系统的演化过程。预测过程可以使用运动模型和控制指令来更新每个粒子的状态。

（3）权重更新

根据观测方程和当前观测值，计算每个粒子的权重，反映其与观测数据的一致性。通常使用似然函数或条件概率密度函数来计算粒子的权重。

（4）重采样

根据粒子的权重，进行重采样操作，选择具有较高权重的粒子，并删除权重较低的粒子。重采样过程保留了具有更高权重的粒子，从而提高了对后验概率分布的逼近精度。

（5）状态估计

使用重采样后的粒子集合来估计系统的状态，通常以粒子的加权平均值作为估计值。状态估计结果可以提供关于目标位置、速度等的信息。

3. 优势与局限性

粒子滤波算法相对于传统的基于状态估计的滤波方法（如 EKF）具有以下优势和局限性：

（1）非线性系统适应性

粒子滤波算法在处理非线性系统方面具有更大的灵活性和适应性。由于粒子滤波算法不依赖线性化近似，它可以应对任意复杂的非线性关系，这使粒子滤波算法在涉及非线性目标运动的跟踪问题中表现出色。

（2）非高斯噪声处理

粒子滤波算法能够有效处理非高斯噪声情况。传统的基于状态估计的滤波方法通常假设系统噪声为高斯分布，但在实际应用中，许多噪声源可能具有非高斯特性。粒子滤波算法通过使用一组随机样本来表示非高斯分布，能够更好地逼近真实的后验概率分布。

（3）多模态分布处理

在某些情况下，目标的后验概率分布可能呈现多个峰值，即多模态分布。传统的线性滤波方法难以准确估计多模态分布的状态，而粒子滤波算法通过采样一组粒子来表示多模态分布，并能够给出更准确的估计结果。

（4）计算复杂度

由于粒子滤波算法采用了随机采样和重采样的过程，其计算复杂度较高。随着粒子数目的增加，算法的计算负荷也会相应增加。因此，在实际应用中需要权衡计算复杂度和跟踪性能。

（5）粒子退化问题

在粒子滤波算法中，重采样过程可能导致粒子退化问题。如果某些粒子具有较高的权重，而其他粒子的权重较低，重采样操作会导致较高权重的粒子被复制多次，而低权重的粒子被删除，从而导致粒子集合的多样性减少。为了解决粒子退化问题，可以采用改进的重采样策略或结合其他技术如粒子滤波算法等。

第二节　基于颜色信息的粒子滤波跟踪算法

一、目标运动模型

基于视觉的运动目标跟踪算法可以通过建立目标的运动模型来预测和估计目标的当前状态。

（一）基于颜色信息的粒子滤波跟踪算法

基于颜色信息的粒子滤波跟踪算法是一种常用的视觉目标跟踪方法。该算法利用目标在图像中的颜色特征对目标进行定位和跟踪，适用于目标在相邻帧之间的颜色信息保持稳定的情况。

第一，在算法的初始化阶段，需要生成一组随机粒子，并赋予每个粒子相等的权重。在初始帧中，通过利用目标的位置和尺寸信息来提取目标区域的颜色特征。

第二，根据目标的运动模型对每个粒子进行状态预测。常用的运动模型包括常数运动模型、自回归模型和随机游走模型等。通过模拟目标的运动，预测粒子在下一帧中的位置。

第三，在权重更新阶段，利用目标的颜色特征与每个粒子的预测位置进行比较，计算每个粒子的权重。这个比较过程通常基于颜色相似度量，如颜色直方图、颜色矩或颜色概率模型等。根据颜色相似度的结果，更新粒子的权重，以反映粒子与目标颜色的一致性。

第四，进行重采样操作。根据粒子的权重进行重采样，选择具有较高权重的粒子，并删除权重较低的粒子。通过重采样操作，保留高权重粒子，增加它们在下一帧中的数量，从而提高对目标状态的估计精度。

第五，在状态估计阶段，使用重采样后的粒子集合来估计目标的状态。通常以粒子的加权平均值作为目标位置的估计值。这个估计值可以用作目标的位置信息，以实现对目标运动的跟踪。

通过不断重复预测、权重更新和重采样的过程，基于颜色信息的粒子滤波跟踪算法能够有效地跟踪目标，并根据目标的颜色特征进行定位和状态估计。该算法具有较好的鲁棒性和适应性，可以应对一定程度的目标形变、遮挡和光照变化等情况。

综上所述，基于颜色信息的粒子滤波跟踪算法通过利用目标在图像中的颜色特征，结合粒子滤波算法进行状态估计和权重更新，能够实现对目标的准确跟踪和定位。该算法具有高度的鲁棒性、自适应性和实时性，并且能适应复杂场景，在许多视觉目标跟踪应用中具有广阔的应用前景。

（二）目标运动模型的建立

目标运动模型在粒子滤波跟踪算法中起着关键作用，它描述了目标在相邻帧之间的运动方式。根据实际情况和先验知识，可以选择不同的模型来描述目标在不同场景下的运动。在基于颜色信息的粒子滤波跟踪算法中，常用的目标运动模型包括常数运动模型、自回归模型和随机游走模型。

1. 常数运动模型

常数运动模型是一种简单而常用的目标运动模型，它假设目标在相邻帧之间以恒定速度匀速运动。该模型适用于目标运动相对简单且保持稳定的情况，如目标沿直线运动或保持恒定的运动方向和速度。

建立常数运动模型时首先需要确定目标的初始位置和速度。在初始帧中，可以通过用户交互或目标检测算法获取目标的位置信息，并根据相邻帧之间的时间间隔计算出目标的初始速度。假设目标在每个时间步长内以相同的速度移动，可以使用目标的当前位置和速度进行预测，从而获得目标在下一帧中的位置估计。

在跟踪过程中，常数运动模型通过简单的位移计算来更新目标的位置。假设目标在当前帧的位置为（x_t，y_t），速度为（v_x，v_y），则在下一帧中的位置可以通过以下公式计算得到：

$$x\_\{t+1\} = x\_t + v\_x$$

$$y\_\{t+1\} = y\_t + v\_y$$

这里，$x\_\{t+1\}$ 和 $y\_\{t+1\}$ 分别表示目标在下一帧中的位置坐标。通过不断应用上述位移计算公式，可以在跟踪过程中更新目标的位置，并预测其在未来帧中的位置。

常数运动模型的优点在于简单且易于计算。它不需要复杂的状态转移方程或非线性函数，仅仅使用简单的位移操作即可实现目标位置的更新。此外，由于该模型假设目标运动恒定且匀速，因此适用于那些在短时间内保持稳定运动的目标，例如匀速行驶的车辆或沿直线运动的行人。

然而，常数运动模型也存在一些局限性。它无法准确建模复杂的目标运动，如加速、减速或转向等。对于这些情况，常数运动模型可能会导致位置估计的偏差，从而影响跟踪的准确性。因此，在实际应用中，需要根据目标的运动特性和场景需求选择合适的运动模型，以提高跟踪算法的性能和鲁棒性。

通过不断重复预测、状态更新和重采样的过程，基于颜色信息的粒子滤波跟踪算法可以实现对目标的有效跟踪。常数运动模型作为一种简单而常用的目标运动模型，在一些简单运动情况下能够呈现较好的跟踪效果。然而，在复杂的运动场景中，需要考虑其他更灵活的运动模型来提高跟踪的准确性和鲁棒性。

2. 自回归模型

自回归模型基于目标在过去几帧中的位置来预测目标在当前帧中的位置。该模型利用目标的历史位置信息，通过线性或非线性回归方法建立目标位置与时间的关系模型。自回归模型适用于目标存在一定的运动规律和轨迹连贯性的情况，可以更准确地预测目标的位置。

首先，需要选择自回归模型的阶数。自回归模型的阶数决定了使用过去几帧的位置作为输入来预测目标在当前帧中的位置。一般而言，较小的阶数意味着只考虑目标的近期位置信息，而较大的阶数可以考虑更长时间范围内的位置信息。

其次，根据选择的阶数，构建自回归模型。自回归模型可以是线性的，也可以是非线性的。线性自回归模型假设目标的位置与过去几帧的位置之间存在线性关系，可以通过线性回归方法进行建模。非线性自回归模型则假设目标的位置与过去几帧的位置之间存在非线性关系，需要使用非线性回归方法进行建模。

再次，通过训练数据集来估计自回归模型的参数。训练数据集包括目标在过去帧中的位置信息以及对应的时间信息。可以使用最小二乘法或其他回归算法来拟合自回归模型，得到模型的参数。

最后，在目标跟踪的实际应用中，利用已建立的自回归模型来预测目标的位置。根据目标在过去几帧中的位置，利用自回归模型计算出目标在当前帧中的位置预测值。这样就可以实现对目标位置的准确预测和跟踪。

自回归模型的优势在于它可以利用目标的历史位置信息，并考虑目标运动的规律性和轨迹连贯性。相比于常数运动模型，自回归模型可以提供更准确的位置预测结果。然而，自回归模型也有一定的局限性，例如对于目标运动模式的变化或突发事件的处理可能存在一定的困难。因此，在实际应用中，需要根据具体场景和目标的运动特征选择适合的目标运动模型，以提高目标跟踪的准确性和鲁棒性。

3.随机游走模型

随机游走模型假设目标的运动是随机的，目标在相邻帧之间的运动是由随机因素引起的。这种模型适用于目标存在不确定性和不规律运动的情况，例如目标在复杂背景中抖动或突然改变运动方向。在随机游走模型中，目标的位置更新基于当前位置和一定的随机扰动，使得目标的运动呈现随机性。

首先，建立随机游走模型需要考虑目标的状态变化以及随机因素的影响。目标的状态可以包括位置、速度和方向等。随机游走模型通过引入随机扰动来模拟目标的不确定性运动。随机扰动可以是服从特定分布的随机变量，例如高斯分布或均匀分布。这些随机扰动会使目标的当前状态产生微小的变化，使得目标的运动呈现随机性。

其次，随机游走模型的建立需要考虑时间的因素。目标在每个时间步长内的位置更新依赖上一个时间步长的位置和随机扰动。通过在当前位置加入随机扰动，可以模拟目标的随机运动。随机游走模型可以通过迭代的方式进行状态更新，以获得目标在不同时间步长下的位置预测。

再次，随机游走模型的参数估计可以通过观测数据获得。观测数据包括目标在相邻帧中的位置信息，可以通过最小二乘法或其他参数估计方法来拟合模型的参数。参数的估计可以帮助确定随机扰动的大小和分布，以使模型更好地适应目标的实际运动情况。

最后，在实际的目标跟踪过程中，可以利用建立的随机游走模型进行状态预测和位置更新。根据目标的当前状态和随机扰动，可以计算出下一个时间步长的位置预测。通过不断迭代和更新，可以实现对目标运动的跟踪。

随机游走模型的优势在于它能够处理目标的不确定性和不规律运动，适应复杂场景下的目标跟踪需求。然而，随机游走模型也面临一些挑战，例如对于目标运动模式的突变或快速变化的处理可能存在一定的困难。因此，在实际应用中，需要根据具体场景和目标的运动特征选择适合的目标运动模型，并根据实际情况调整参数，以达到较好的跟踪效果。

总而言之，随机游走模型是基于视觉的运动目标跟踪算法中一种常用的目标运动模型。通过引入随机扰动来模拟目标的不确定性运动，该模型可以满足目标存在不规律运动和复杂背景下的跟踪需求。建立随机游走模型时，需要考虑目标的状态变化、随机因素的影响以及时间的因素。通过估计模型的参数，并结合观测数据进行状态预测和位置更新，可以实现对目标运动的有效跟踪。然而，随机游走模型也面临一些挑战，需要根据具体场景和目标特性进行模型选择和参数调整，以获得更准确的跟踪结果。

二、目标的颜色观测模型

基于颜色信息的粒子滤波跟踪算法中的目标颜色观测模型是描述目标颜色分布的重要组成部分。它通过采用带有空间位置信息的颜色直方图来表示目标的颜色特征，以实现对目标颜色信息的建模和观测。

（一）空间位置加权颜色直方图

为了更有效地描述目标的颜色分布，采用带有空间位置信息的颜色直方图。

这是因为目标的边界容易受到外界干扰，而离目标中心较远的像素对目标颜色分布描述的贡献较小，离中心近的像素对颜色分布描述的贡献较大。因此，在颜色直方图中考虑像素的空间位置信息，可以更准确地描述目标的颜色特征。

首先，需要构建颜色直方图来表示目标的颜色分布。颜色直方图是一种统计工具，用于描述图像中各个颜色值的分布情况。构建颜色直方图时，我们可以基于不同的颜色模型，例如 RGB、HSV 或 Lab 等。

但是，仅仅使用颜色直方图可能无法准确描述目标的颜色特征，因为目标的边界容易受到外界干扰。为了解决这个问题，我们引入了空间位置加权的方法，即，在计算颜色直方图时，对于离目标中心较远的像素，赋予较小的权重；而对于离中心较近的像素，赋予较大的权重。

通过加入空间位置加权因素，我们可以更准确地描述目标的颜色分布，突出目标的核心特征，减少边界的影响。这样，在目标颜色观测模型中，通过计算目标颜色直方图与每个粒子预测位置处的图像块的相似度，可以实现对目标位置的准确定位和跟踪。

结合颜色信息和空间位置信息，可以更好地描述目标的颜色特征，从而在基于颜色信息的粒子滤波跟踪算法中实现更精确的目标定位和跟踪效果。

（二）颜色直方图

颜色直方图是一种用于描述颜色分布的统计工具。它将颜色空间划分为若干个离散的颜色区间，并统计目标图像中落在每个区间内的像素数量。这样就可以得到一个表示目标颜色分布的直方图，其中每个区间的数值表示该区间内像素的数量或频率。颜色直方图的构建过程包括以下几个步骤：

1.颜色空间选择

根据具体的应用需求，选择合适的颜色空间来表示图像中的颜色信息。常见的颜色空间包括 RGB（红绿蓝）、HSV（色调饱和度值）、Lab（亮度与颜色差异）等。

（1）RGB 颜色空间（红绿蓝）

RGB 颜色空间是最常见的颜色表示方式，它通过指定红色、绿色和蓝色三个分量的值来表示颜色。在 RGB 颜色空间中，每个像素的颜色由三个独立的分量组成，范围通常为 0 ~ 255。RGB 颜色空间适用于对颜色细节要求较高的场景，如物体的纹理和细微色差对目标跟踪的影响较大的情况。

（2）HSV 颜色空间（色调饱和度值）

HSV 颜色空间将颜色分为色调（Hue）、饱和度（Saturation）和明度（Value）三个分量。色调表示颜色的类型或种类，饱和度表示颜色的纯度或饱和程度，明度表示颜色的亮度。HSV 颜色空间的优点是可以更直观地控制颜色的明暗和饱和度，对光照变化较为稳定，适用于对颜色的亮度和饱和度信息更敏感的应用场景。

（3）Lab 颜色空间（亮度与颜色差异）

Lab 颜色空间包含亮度（L）、绿－红色差异（a）和蓝－黄色差异（b）三个分量。Lab 颜色空间是基于人类视觉感知设计的，可以较好地模拟人眼对颜色的感知。其中，L 分量表示亮度信息，a 和 b 分量表示颜色的差异。Lab 颜色空间适用于对颜色的亮度和色差敏感的场景，对光照和颜色的变化具有较好的鲁棒性。

在选择颜色空间时，需要综合考虑具体应用需求和图像特征。对于不同的目标和环境条件，选择合适的颜色空间可以更好地描述目标的颜色特征，提高目标跟踪算法的准确性和鲁棒性。此外，根据具体需求还可以进行颜色空间的变换和调整，以进一步优化跟踪算法的性能。

2. 划分颜色区间

将选定的颜色空间划分为若干个离散的颜色区间或颜色桶。划分的方式可以是均匀的，也可以根据具体场景进行自适应划分。

（1）划分颜色区间的方式

划分颜色区间时可以采用以下两种方法：

均匀划分。这是最简单的划分方式，将颜色空间均匀地分为固定数量的区间。例如，对于 RGB 颜色空间，可以将每个通道的取值范围等间隔地划分为若干区间。这样可以确保每个区间内的颜色数量相对均衡，但可能无法充分捕捉颜色分布的细节。

自适应划分。自适应划分考虑了颜色分布的不均匀性，根据实际图像中的颜色分布情况动态地调整区间划分。一种常见的方法是使用聚类算法，如 K-means 算法，将图像中的颜色像素聚类为不同的颜色簇，然后根据聚类结果确定颜色区间。这种方法可以更好地适应不同图像中颜色分布的变化，但计算复杂度较高。

（2）注意事项

在划分颜色区间时，需要注意以下几点：

区间数量。区间数量的选择应该根据具体情况进行调整。过多的区间可能导致直方图过于稀疏，而过少的区间可能无法捕捉到细微的颜色差异。通常需要通过实验和调整来确定合适的区间数量。

区间边界。确定区间边界时，可以考虑使用固定的阈值或根据颜色分布的特点进行自适应设置。例如，可以根据颜色像素的分布情况将区间边界设置为颜色直方图的峰值点或局部极值点。

区间宽度。区间宽度可以根据具体需求进行调整。宽度较小的区间可以更精细地描述颜色分布，但可能对噪声和小样本数量敏感。宽度较大的区间可以增加直方图的稳定性，但可能无法捕捉到细微的颜色变化。

通过合适的颜色区间划分，可以将颜色直方图转化为离散的表示形式，为后续的目标跟踪算法提供准确的颜色特征描述。在具体应用中，根据目标的颜色特征和场景的特点进行区间划分的选择，以达到更好的跟踪效果。

3. 统计像素数量

遍历目标图像中的每个像素，根据其颜色值将像素分配到对应的颜色区间中。在每个颜色区间中记录该区间内的像素数量或频率。

首先，遍历目标图像中的每个像素。对于每个像素，我们可以提取其颜色值，根据所选的颜色空间，可以获得相应的颜色通道值（如 RGB 通道值、HSV 通道值或 Lab 通道值）。

其次，根据颜色值将该像素分配到对应的颜色区间中。颜色区间的划分可以根据之前提到的均匀划分或自适应划分的方法进行。如果采用均匀划分，可以根据预先定义的区间边界将像素分配到相应的区间中。如果采用自适应划分方法，可以根据聚类算法或其他自适应方法确定像素所属的颜色区间。

再次，在每个颜色区间中，需要记录该区间内的像素数量或频率。可以使用一个数组或字典结构来存储颜色区间及其对应的像素数量。遍历所有像素后，就可以统计每个颜色区间内的像素数量或频率。

最后，通过统计像素数量或频率，我们可以获得一个描述目标颜色分布的直方图。直方图中每个区间的数值表示该区间内的像素数量或频率，反映了图像中不同颜色的分布情况。这样的直方图可以作为目标的颜色观测模型，在后续的粒子滤波跟踪算法中用于计算目标位置的相似度或权重。

需要注意的是，在统计像素数量时，可以选择考虑所有像素或只考虑目标感兴趣区域内的像素。这取决于具体的跟踪需求和应用场景。

通过统计像素数量构建颜色直方图，可以提取目标的颜色特征，并用于跟踪算法中的目标模型更新和匹配过程，从而实现基于颜色信息的粒子滤波目标跟踪。

4.归一化处理

在构建颜色直方图后，为了消除图像尺寸和目标大小的影响，常常需要对直方图进行归一化处理。归一化可以确保直方图中的频次值总和为1，使得直方图能够更好地表示目标的颜色分布，而不受图像尺寸或目标大小的影响。

归一化的方式是将直方图中每个颜色区间的像素数量或频率除以总的像素数量，从而获得每个区间的归一化值。这样做可以将直方图的数值范围控制在0到1之间，表示每个区间的相对权重或占比。

一种常见的归一化方法是将直方图中的每个数值除以直方图的总和，从而得到归一化直方图。这样，直方图中的数值表示每个区间的相对频率或概率密度，可以更好地描述颜色分布的相对权重。

另一种归一化方法是将直方图中的每个数值除以最大值，从而将最大值归一化为1。这样做可以使直方图的最大值保持不变，而其他数值则相对缩小，保持相对比例。

归一化处理后的颜色直方图可以更好地表示目标的颜色特征，使得在后续的跟踪算法中，各个颜色区间的权重更具有可比性和稳定性。通过归一化处理，可以提高跟踪算法对目标的颜色匹配精度，增强对目标在不同尺寸、大小和光照条件下的鲁棒性。

归一化处理是在构建颜色直方图后的一个重要步骤，将直方图的数值范围控制在0到1之间，可使直方图能够更好地表示目标的颜色分布，并提高颜色匹配的准确性和稳定性。

总之，颜色直方图作为一种描述颜色分布的统计工具，为基于颜色信息的粒子滤波跟踪算法提供了有效的目标颜色观测模型。通过对图像中像素的颜色分布进行统计和分析，可以实现对目标位置的准确估计和跟踪，从而提高目标跟踪算法的性能和鲁棒性。

（三）多模型颜色直方图

在目标的颜色观测模型中，构建颜色直方图是一种常用的方法。颜色直方图的构建可以基于不同的颜色模型，如 RGB、HSV 或 Lab 等。选择适合具体应用场景的颜色模型可以更好地反映目标的颜色特征，并提高跟踪算法的性能和鲁棒性。

RGB 颜色模型是最常见的颜色表示方式，它通过红、绿、蓝三个通道的数值来描述颜色。RGB 模型在表示和处理彩色图像时非常直观和方便，适用于对目标颜色进行准确描述和匹配。

HSV 颜色模型由色调（Hue）、饱和度（Saturation）和值（Value）三个分量组成。色调表示颜色的种类，饱和度表示颜色的鲜艳程度，值表示颜色的明暗程度。HSV 模型能够更好地描述颜色的视觉特性，对光照变化较为鲁棒，因此在光照变化较大的场景下，采用 HSV 模型能够更好地捕捉目标的颜色特征。

Lab 颜色模型由亮度（Luminosity）和色度（Chromaticity）两个分量组成。亮度分量表示颜色的明暗程度，色度分量表示颜色的差异度。Lab 模型能够更好地反映人类视觉系统对颜色的感知，对颜色变化较敏感，因此在需要考虑人眼感知的场景中，采用 Lab 模型能够更准确地表示目标的颜色特征。

根据具体的应用需求和场景特点，选择适合的颜色模型进行颜色直方图的构建是十分重要的。不同的颜色模型具有不同的优势和适应性，选择合适的颜色模型，可以更好地反映目标的颜色特征，提高跟踪算法的准确性和鲁棒性。

基于不同的颜色模型构建多模型颜色直方图是目标颜色观测模型中的一种扩展方法。选择适合的颜色模型，可以更准确地描述目标的颜色特征，从而提高基于颜色信息的粒子滤波跟踪算法的性能和效果。

（四）基于颜色相似度的颜色观测模型

在基于颜色信息的粒子滤波跟踪算法中，目标的颜色观测模型是实现准确跟踪的关键之一。其中，基于颜色相似度的颜色观测模型通过计算目标颜色直方图与每个粒子预测位置处的图像块的相似度来实现对目标的跟踪。

首先，颜色相似度的计算需要将目标的颜色直方图与预测位置处的图像块进行比较。常用的相似度量方法包括直方图相交、相关性和卡方距离等。这些度量方法可以衡量目标颜色直方图与图像块之间的差异程度，进而判断目标在当前位置的颜色特征与预测是否相符。

具体来说，直方图相交是一种常用的相似度量方法，它计算目标颜色直方图和图像块颜色直方图之间的重叠部分。相关性度量方法通过计算两个直方图之间的相关性系数，判断它们的线性相关程度。而卡方距离则是一种基于统计的度量方法，用于计算目标颜色直方图和图像块颜色直方图之间的差异程度。

通过计算得到的相似度度量值，可以为每个粒子分配权重，用于后续的重采样和状态估计。具体地，相似度较高的粒子将被赋予较高的权重，而相似度较低的粒子将被赋予较低的权重。这样，在重采样过程中，具有较好颜色匹配的粒子将更有可能被保留下来，从而提高跟踪算法的准确性。

基于颜色相似度的颜色观测模型在目标跟踪中具有重要作用。通过比较目标颜色直方图与图像块的相似度，可以评估目标在不同位置的颜色特征，并根据相似度度量值对粒子进行加权。这种方法能够适应目标颜色的变化，并提供准确的目标位置估计。因此，在基于颜色信息的粒子滤波跟踪算法中，基于颜色相似度的颜色观测模型为目标跟踪提供了可靠的颜色信息。

　　总体来说，基于颜色信息的粒子滤波跟踪算法中的目标颜色观测模型通过采用带有空间位置信息的颜色直方图来描述目标的颜色分布。该模型考虑了目标边界的影响，并利用颜色直方图的相似度量来实现对目标颜色信息的观测。这种方法在目标跟踪中具有较好的性能和鲁棒性，可以适应不同场景和目标的颜色特征。

第五章　改进的 KCF 运动目标跟踪算法

第一节　KCF 目标跟踪算法的概念

一、基础知识

（一）循环矩阵

循环矩阵是改进的 KCF（Kernelized Correlation Filter）运动目标跟踪算法中的一个关键概念。KCF 算法使用循环矩阵来高效地计算图像块的傅里叶变换。

在 KCF 算法中，目标被表示为一个模板，该模板通过傅里叶变换转换为频域。为了在频域进行相关性计算，需要计算模板与图像块的点积。然而，传统的方法会将模板和图像块分别进行零填充，使它们的尺寸相等。这样做会导致计算复杂度增加，尤其是对于大尺寸的图像块。

为了解决这个问题，KCF 算法引入了循环矩阵的概念。循环矩阵是一种特殊的方阵，其中每一列的元素与上一列的元素相同，最后一列的元素与第一列的元素相同。通过使用循环矩阵，可以将模板的傅里叶变换结果转换为循环域表示，从而降低计算复杂度。

具体而言，KCF 算法将图像块与循环矩阵进行乘法运算，得到一个等效的循环域表示。然后，将该循环区域表示与目标模板的傅里叶变换结果进行点积运算，得到相关性响应。最后，通过逆傅里叶变换将相关性响应转换回空域，可以得到目标在图像块中的位置。

循环矩阵的引入使得 KCF 算法在进行频域相关性计算时具有较低的计算复杂度，从而提高了目标跟踪的速度和效率。通过有效地利用循环矩阵，KCF 算法在实施目标跟踪任务中取得了良好的性能。

（二）脊回归目标

在改进的 KCF（Kernelized Correlation Filter）运动目标跟踪中，脊回归目标是算法的关键概念之一。脊回归用于对目标位置进行预测，并通过最小化预测位置与实际位置之间的距离来确定目标在下一帧图像中的位置。

在跟踪过程中，KCF 算法通过分析循环矩阵对原始图像样本集进行扩充，形成训练数据集。训练数据集包括目标在不同位置和尺度下的图像样本。这些样本经过特征提取和傅里叶变换后，用于训练一个相关滤波器。

训练好的相关滤波器可以对输入的图像块与目标模板进行相关性计算，从而预测目标在下一帧图像中的位置。具体来说，对于每个输入的图像块，算法会将其与相关滤波器进行卷积运算，得到一个相关性响应图。在该相关性响应图中，峰值位置对应预测的目标位置。

为了确定目标的最终位置，脊回归被用于最小化预测位置与实际位置之间的距离。通过约束函数的范围内搜索，算法会计算采样数据集的输出位置与下一帧图像中目标的真实位置之间的距离，并选择距离最小的位置作为最终预测结果。

脊回归目标的使用使得 KCF 算法能够对目标位置进行准确的预测，并在目标跟踪过程中获得良好的性能。通过结合循环矩阵和脊回归技术，改进的 KCF 算法在复杂的视觉场景下能够实现高效且准确的目标跟踪。

二、算法原理

由于在实际图像处理过程中存在大量非线性数据需要处理，其处理过程非常麻烦，核函数可以将低维空间中的非线性数据映射到高维空间转换为线性数据，简化数据处理过程。

（一）核相关滤波器

核相关滤波器是 KCF 算法的核心组件之一。它使用核函数来构建目标模板与图像样本之间的相关性模型。通过计算目标模板与样本之间的相关性响应，可以确定目标在图像中的位置。

核相关滤波器（Kernelized Correlation Filter）是改进的 KCF 运动目标跟踪算法的核心组件之一。它在目标跟踪过程中扮演着关键的角色，通过构建目标模板与图像样本之间的相关性模型，实现了准确和高效的目标位置估计。

核相关滤波器的原理基于核函数和相关性滤波的概念。核函数能够将低维空间的非线性问题转换为高维空间的线性问题，从而提取更丰富的特征信息，而相关性滤波则用于计算目标模板与图像样本之间的相关性响应，进而确定目标在图像中的位置。

1. 核函数选择

核函数是核相关滤波器中的关键要素之一，它负责将目标模板和图像样本映射到高维特征空间中。常用的核函数包括高斯核函数、多项式核函数和线性核函数。不同的核函数适用于不同类型的数据和任务，因此在应用中需要选择合适的核函数。

高斯核函数是最常用的核函数之一，它通过计算数据之间的相似度来度量它们在高维特征空间中的距离。多项式核函数则通过多项式函数对数据进行映射，可以捕捉到数据的非线性关系。线性核函数不进行特征变换，直接以原始数据作为特征。

2. 目标模板构建

在跟踪开始之前，KCF算法首先需要构建目标模板。目标模板是在初始帧中手动标定的目标位置，以该位置上提取的目标区域作为模板。模板的提取通常使用 HOG（Histogram of Oriented Gradients）特征来描述目标的形状和纹理信息。

3. 相关性滤波

相关性滤波是应用核相关滤波器的关键步骤之一。它通过计算目标模板与图像样本之间的相关性响应来确定目标在图像中的位置。

首先，目标模板和图像样本都被表示为高维特征向量，通过核函数将它们映射到高维特征空间中。然后，通过对这些特征向量进行点乘运算，得到相关性响应图。

相关性响应图中的每个元素表示该位置与目标模板的相似度，值越大表示越相关，值越小表示越不相关。通过寻找响应图中具有最大响应值的位置，可以确定当前帧中的目标位置。

4. 傅里叶变换加速

为了提高计算效率，KCF算法使用了傅里叶变换来加速相关性滤波的计算过程。通过将目标模板和图像样本转换到频域，可以利用频域上的卷积运算来替代时域上的点乘运算。这样可以大大减少计算量，加快对目标位置的估计速度。

5. 目标位置估计与更新

在每一帧中，KCF算法通过计算相关性响应图来估计目标的位置。首先，对当前帧的图像样本进行特征提取，得到其特征向量。然后，通过与目标模板进行相关性滤波，计算出相关性响应图。

通过寻找响应图中具有最大响应值的位置，可以确定当前帧中的目标位置。如果响应值大于预先设定的阈值，则将该位置判定为目标位置；否则，认为目标不在当前帧中。

一旦确定了目标位置，KCF 算法就会更新目标模板，以便在下一帧中进行准确的目标跟踪。更新过程会考虑目标的运动和形变，以提高跟踪的鲁棒性。

通过不断重复以上步骤，KCF 算法能够实现准确且高效的运动目标跟踪。核相关滤波器利用核函数构建了目标模板与图像样本之间的相关性模型，通过计算相关性响应来确定目标位置。同时，使用傅里叶变换加速计算过程，提高了算法的效率。这使得 KCF 算法在许多实际应用中被广泛使用，如视频监控、自动驾驶等领域。

（二）核函数

核函数是一种能够将低维数据映射到高维特征空间的函数，它在 KCF 算法中被用来构建目标模板与图像样本之间的相关性模型。通过使用核函数，KCF 算法能够将非线性目标跟踪问题转化为线性相关性滤波问题，从而实现准确且高效的目标跟踪。

常用的核函数包括高斯核函数、多项式核函数和线性核函数。它们具有不同的特性和适用性，可以根据具体的应用场景选择合适的核函数。

1. 高斯核函数（Gaussian Kernel）

高斯核函数是最常用的核函数之一，在 KCF 算法中被广泛应用。它通过计算数据点之间的欧氏距离来衡量它们之间的相似性。高斯核函数将数据点映射到一个无限维的特征空间中，具有良好的平滑性和连续性。高斯核函数的形式如下：

$K (x , y) = \exp[-\|x-y\|^2 / (2 * \sigma^2)]$

其中，x 和 y 是输入数据点，$\|x-y\|$ 表示它们之间的欧氏距离，σ 是高斯核函数的带宽参数，控制核函数的宽窄程度。较小的 σ 会导致核函数的峰值更尖锐，较大的 σ 会导致核函数的峰值更平滑。

2. 多项式核函数（Polynomial Kernel）

多项式核函数是另一种常用的核函数，它通过计算输入数据点之间的多项式函数来实现特征映射。多项式核函数的形式如下：

$K (x , y) = [a * (x \cdot y) + c]^d$

其中，x 和 y 是输入数据点，α 是尺度参数，c 是常数偏移项，d 是多项式的次数。多项式核函数在非线性特征空间中引入了多项式特性，使得算法能够处理更复杂的数据关系。

3.线性核函数（Linear Kernel）

线性核函数是最简单的核函数之一，它直接计算输入数据点之间的内积，不进行额外的映射操作。线性核函数的形式如下：

$$K(x, y)=x \cdot y$$

线性核函数适用于线性相关的数据，对于线性目标跟踪问题具有较好的效果。

通过核函数的使用，KCF算法能够将非线性目标跟踪问题转化为线性相关性滤波问题。核函数能够将低维的HOG特征映射到高维特征空间中，从而提取更多的目标信息。通过计算目标模板与图像样本之间的相关性，KCF算法能够准确地确定目标在图像中的位置，实现高效且准确的目标跟踪。

（三）特征表示

KCF算法使用HOG（Histogram of Oriented Gradients）特征来表示目标和图像样本。HOG特征通过计算图像中各像素点的梯度方向和梯度强度来构建图像的梯度直方图。这种特征表示能够描述目标的形状和纹理特征，对于目标跟踪具有较好的效果。

1.图像预处理

对输入的图像进行预处理。这包括对图像进行灰度化处理，将彩色图像转换为灰度图像。灰度图像在保留了图像结构信息的同时，减少了计算量。

2.计算梯度

对于灰度图像，通过计算每个像素点的梯度来获取图像的梯度信息。常用的方法是使用Sobel算子分别计算图像在水平和垂直方向上的梯度。梯度的计算能够捕捉图像中的边缘信息。

3.计算梯度直方图

将图像分割为小的局部区域（称为细胞），对每个细胞内的像素梯度进行统计。通过计算每个细胞内像素梯度的方向和强度，得到每个细胞的梯度直方图。梯度直方图描述了每个细胞内不同梯度方向上的梯度强度分布情况。

4.归一化

为了提高HOG特征的鲁棒性和对光照变化的适应性，对梯度直方图进行归一化。通常采用局部对比度归一化（L2-Hys）的方法，对每个细胞内的梯度直方图进行归一化操作。

5.特征拼接

将归一化后的细胞内梯度直方图按照一定的规则进行拼接，形成最终的HOG特征向量。拼接的方法通常是将相邻细胞的特征向量按顺序连接起来，形成一个更长的特征向量。

HOG特征的计算过程能够有效地描述图像的边缘信息和纹理特征，对于目标的形状和外观进行建模。在KCF算法中，使用HOG特征表示目标模板和图像样本，通过计算它们之间的相关性来确定目标在图像中的位置。HOG特征的使用使得KCF算法能够对目标进行准确的跟踪，并具有一定的鲁棒性，能够适应不同场景下的目标和光照变化。

使用HOG特征表示目标模板和图像样本，KCF算法能够通过计算它们之间的相关性来确定目标在图像中的位置。HOG特征能够有效地描述目标的形状和纹理特征，对于目标跟踪具有较好的效果。它具有一定的鲁棒性，能够适应不同场景下的目标和光照变化，从而实现准确且稳定的目标跟踪。

（四）训练模型

在KCF算法中，首先在初始帧中手动标定目标位置，并使用HOG特征提取方法生成目标模板。然后通过核函数计算目标模板和图像样本之间的相关性，进一步求解核相关系数。脊回归模型被用来估计相关系数，将核相关系数映射到非线性空间中，提高模型的鲁棒性和准确性。

1.初始帧标定

在初始帧中，用户手动标定目标的位置和大小，形成初始的目标模板。目标模板通常是一个矩形区域，它包含目标的外观和位置信息。这一过程可以通过用户交互或自动化的方式完成。

2.特征提取

使用HOG特征提取方法从初始帧中提取目标模板的特征。HOG特征通过计算目标模板内每个细胞的梯度方向和梯度强度来得到。这些特征能够描述目标的形状和纹理特征，为后续的相关性计算提供输入。

3.目标模板表示

将目标模板的HOG特征向量表示为一个列向量 x。目标模板的表示在后续的相关性计算中起到关键作用，将目标的外观和位置信息编码为一个向量。

4. 相关性计算

使用核函数计算目标模板和图像样本之间的相关性。常用的核函数包括高斯核函数、多项式核函数和线性核函数。相关性计算通过在特征空间中计算目标模板和样本的内积来实现。相关性计算的结果表示目标模板和样本之间的相似度程度。

5. 求解核相关系数

使用脊回归模型来求解核相关系数。脊回归是一种用于估计线性模型参数的方法，它可以在存在共线性的情况下稳定地求解线性方程。在 KCF 算法中，脊回归模型被用来估计核相关系数，并将其映射到非线性空间中。

6. 映射到非线性空间

将核相关系数映射到非线性空间，以提高模型的鲁棒性和准确性。这个映射过程通过计算核函数在特征空间中的映射结果来实现，将相关系数转换为非线性的表示。

通过训练模型，KCF 算法能够建立目标模型并获取核相关系数，这些核相关系数描述了目标的特征和位置信息。在跟踪过程中，算法使用这些模型参数和当前帧中的图像样本进行相关性计算，从而确定目标在图像中的位置。

（五）相关性计算

在 KCF 目标跟踪算法中，相关性计算是关键步骤之一。它用于衡量当前帧中的图像样本与目标模板之间的相似度，从而确定样本是否属于目标。

在跟踪过程中，对于每个图像样本，首先使用相同的特征提取方法提取其特征向量。这可以是 HOG 特征、颜色直方图等。特征提取的目的是将图像样本转换为具有辨别能力的向量表示，以便与目标模板进行比较。

接下来，通过核函数计算当前帧样本特征向量与目标模板特征向量之间的相关性。常用的核函数包括高斯核函数、多项式核函数和线性核函数。核函数的选择取决于任务的特点和算法的性能需求。相关性计算可以通过计算特征向量之间的内积来实现，也可以使用核技巧将特征向量映射到高维特征空间中进行计算。

计算得到的相关性表示当前帧样本与目标模板之间的相似程度，即样本是否与目标具有相似的外观和位置特征。较高的相关性值表明样本更可能属于目标，而较低的相关性值则表示样本与目标之间的差异较大。

在实际计算中，可以使用矩阵运算来高效地计算相关性。将目标模板特征向量和当前帧样本特征向量分别表示为列向量，可以将相关性计算转化为矩阵运算，从而提高计算效率。

通过相关性计算，KCF 算法能够评估当前帧中的图像样本与目标模板之间的相似度。这可为后续的目标位置确定提供重要依据。较高的相关性响应值将有助于确定目标在当前帧中的位置，从而实现准确的目标跟踪。

（六）傅里叶变换

为了加速相关性的计算过程，KCF 算法利用了傅里叶变换的性质，将相关性计算转化为频域操作。通过傅里叶变换，可以将特征向量从时域表示转换为频域表示，从而更高效地进行计算。

在 KCF 算法中，对目标模板特征向量和当前帧样本特征向量分别进行傅里叶变换。傅里叶变换将这些特征向量从空间域转换到频率域，其中频率表示特征的振动频率，幅度表示特征的权重。

通过傅里叶变换，目标模板和当前帧样本的特征向量可以表示为频域中的复数值。这些复数值包含特征向量在不同频率上的分量信息。通过利用频域中的特性，可以更高效地计算相关性。

在傅里叶变换后，KCF 算法利用点乘操作在频域中进行相关性计算。具体而言，将目标模板特征向量和当前帧样本特征向量的频域表示进行逐元素相乘，得到频域上的相关性图像。这个相关性图像表示样本在不同位置上的响应程度。

为了获得空域中的相关性响应，KCF 算法对频域的相关性图像进行逆傅里叶变换。逆傅里叶变换将频域表示转换回时域表示，得到相关性响应图像。该图像显示了样本在空域中与目标的相似度，其中具有最大响应值的位置即目标在当前帧中的位置。

三、算法流程

改进的 KCF 运动目标跟踪算法是一种基于特征提取和回归模型的目标跟踪方法。它通过利用 HOG 特征提取目标模板的特征向量，并使用脊回归模型估计核相关系数，结合傅里叶变换的响应矩阵分析，实现了高效且准确的目标跟踪。

（一）输入视频序列和初始帧

以待跟踪的视频序列作为输入，以初始帧作为起始点进行目标跟踪。

1. 输入视频序列

作为改进的 KCF 算法的输入，提供待跟踪的视频序列。视频序列可以是来自摄像头、录像文件或其他来源的连续帧图像序列。

2.选择初始帧

从视频序列中选择一帧作为起始点进行目标跟踪。初始帧通常是包含待跟踪目标的图像帧。

选择初始帧的一种方式是人工交互标定，即用户手动选择目标的位置和大小。用户可以用鼠标在图像上框选目标，或者提供目标的边界框坐标作为输入。另一种方式是使用自动化方法进行初始帧的选择，例如目标检测算法或预先训练的目标检测模型。

3.图像预处理

在进行目标跟踪之前，对选择的初始帧进行图像预处理操作。这些操作旨在减少噪声、增强目标的对比度和清晰度，以提高后续步骤的准确性和鲁棒性。

常见的图像预处理操作包括灰度化、直方图均衡化、高斯模糊、边缘增强等。根据具体需求，可能需要对图像进行多个预处理操作。

（二）目标模板初始化

在初始帧中手动标定目标的位置和大小，生成目标模板。目标模板通常是一个矩形区域，它包含目标的外观和位置信息。

1.用户交互标定

通过人工交互的方式，用户可以手动标定目标的位置和大小。这可以通过在初始帧上绘制一个矩形框来实现，该矩形框覆盖目标区域。

用户可以使用鼠标或其他交互设备在初始帧上框选目标。在交互过程中，算法可以提供实时的视觉反馈，帮助用户准确选择目标。

2.目标模板生成

根据用户交互标定的目标位置和大小，在初始帧中生成目标模板。目标模板通常是一个矩形区域，其边界由用户交互标定的矩形框确定。

生成目标模板时，要确保所选区域包含目标的主要特征，并尽量减少包含背景或其他干扰因素的部分。目标模板的准确性对后续的跟踪步骤至关重要。

3.目标模板验证

进行目标模板的验证，以确保所选区域准确表示目标。这一步骤是为了排除错误选择的目标模板，提高跟踪的准确性和鲁棒性。

在目标模板验证中，可以使用一些策略来判断目标模板的有效性。例如，可以检测目标模板中的纹理特征、形状特征或其他目标特定的属性，与预期的目标特征进行比较。

通过目标模板初始化，改进的 KCF 算法获取了一个准确描述目标外观和位置的矩形区域，为后续的特征提取和相关性计算奠定了基础。这将有助于实现精确和稳定的目标跟踪。

（三）响应矩阵分析

通过逆傅里叶变换（IDFT），将相关性响应从频域转换回时域，得到响应矩阵。响应矩阵表示当前帧中样本在不同位置上的相关性响应程度。

1. 频域表示

根据前面计算得到的频域相关性响应，利用逆傅里叶变换将其转换回时域。逆傅里叶变换将频域的相关性响应矩阵映射回时域，恢复原始的相关性响应。

2. 响应矩阵生成

通过逆傅里叶变换，得到一个响应矩阵，它表示当前帧中样本在不同位置上的相关性响应程度。该矩阵的每个元素代表当前位置的样本与目标模板的相关性，值越高表示相关性越强，可能是目标所在的位置。

响应矩阵的尺寸与输入图像的尺寸相同，每个位置对应输入图像上的一个样本。矩阵中的每个元素反映对应位置样本与目标模板之间的相似程度，可以作为目标出现的候选位置。

响应矩阵分析是改进的 KCF 算法的关键环节，它通过将相关性响应从频域转换回时域，生成了一个表示当前帧中样本相关性的矩阵。这一分析过程为目标位置的确定提供了重要依据，实现了高效且准确的目标跟踪。

（四）目标位置定位

在响应矩阵中寻找具有最大响应值的位置，确定目标在当前帧中的位置。可以使用峰值检测算法或其他寻找最大值的方法。

1. 最大响应值定位

在响应矩阵中，寻找具有最大响应值的位置。这可以通过使用峰值检测算法或其他寻找最大值的方法来实现。峰值检测算法可以识别出响应矩阵中的峰值点，即具有最大响应值的位置。

2. 目标位置确定

定位到具有最大响应值的位置后，可以将其作为目标在当前帧中的位置坐标。该位置坐标表示目标在当前帧中的预测位置。

通过目标位置的定位，可以确定目标在当前帧中的位置信息，为后续的目标跟踪奠定了基础。这个位置信息可以作为下一帧目标跟踪的初始位置，从而实现目标的连续跟踪。

目标位置定位是改进的 KCF 算法中的关键环节，它通过在响应矩阵中寻找最大响应值的位置，确定目标在当前帧中的位置。这一定位过程为目标跟踪的准确性提供了重要支持。

（五）目标模型更新

根据在当前帧中确定的目标位置，更新目标模板，用于下一帧的跟踪。

1. 目标模板提取

从当前帧中提取目标模板。根据确定的更新区域，将该区域内的图像信息作为新的目标模板。可以使用图像裁剪或其他图像提取方法来获得目标模板。

2. 目标模板特征提取

使用与初始帧相同的特征提取方法，对新的目标模板进行特征提取。常用的特征提取方法包括 HOG 特征提取。

3. 目标模型更新

将新的目标模板特征向量与之前的目标模型特征向量进行比较。可以使用加权平均或其他线性组合方法来融合两个特征向量，得到更新后的目标模型。

通过更新目标模型，可以利用当前帧中的目标位置信息来提升目标模板的准确性。这样，在下一帧的跟踪过程中，更新后的目标模型将更好地适应目标的外观和位置变化，从而提高跟踪的鲁棒性和准确性。

目标模型更新是改进的 KCF 算法中的关键环节，它根据当前帧中确定的目标位置来更新目标模板，使其能够更好地适应目标的变化。这一更新过程为目标跟踪的连续性和准确性提供了重要支持。

第二节　SIFT 特征提取算法

SIFT 算法主要针对图像的局部特征，因此对于目标检测中经常出现的旋转、亮度变化、尺度缩放情况有很好的处理效果，同时在面对噪声、视角发生变化、仿射变换问题时，也可保证检测结果的稳定性。SIFT 特征提取算法由构建尺度空间、特征点定位、特征点主方向判断以及生成特征点的描述 4 个步骤组成。

一、构建尺度空间

构建尺度空间的实质是对原始图像生成的所有尺度上图像的位置进行搜索，利用高斯微分函数，对不同尺度图像潜在的尺度和旋转不变特性的兴趣点进行识别。首先，需要对图像构建与其对应的尺度空间，尺度即图像模糊程度，尺度越大则细节越少，因为需要得到图像中所有尺度的信息。

（一）尺度空间的定义与目的

尺度空间是对原始图像在不同尺度上进行平滑处理后得到的图像集合。每个尺度对应图像的不同模糊程度，通过构建尺度空间，可以获取图像在多个尺度上的信息，使得算法能够在不同尺度下进行目标跟踪和识别，并具备尺度不变性。

1.尺度空间的定义

尺度空间是指对原始图像在不同尺度上进行平滑处理后得到的图像集合。每个尺度对应图像的不同模糊程度，在不同尺度下观察图像，我们可以获取更全面、更丰富的图像信息。尺度空间的构建可以通过一系列高斯模糊操作来实现，其中高斯模糊是一种线性平滑滤波器，可以模拟光在不同介质中的传播和散射过程。通过调整高斯滤波器的参数，我们可以控制平滑的程度，从而得到不同尺度的图像。

2.构建尺度空间的目的

尺度空间的构建在改进的 KCF 运动目标跟踪算法中具有重要意义，其主要目的包括：

（1）多尺度目标跟踪

目标在图像中可能出现不同的尺度变化，例如目标的大小可能会在不同帧之间发生变化。通过构建尺度空间，我们可以在不同尺度下进行目标跟踪，以适应目标在尺度上的变化。在不同尺度下检测和跟踪目标，可以提高算法的鲁棒性和准确性。

（2）尺度不变性

尺度空间的构建使得算法具备尺度不变性，即算法能够在不同尺度下提取和匹配特征。由于目标的尺度可能因距离、缩放或者视角变化而发生改变，尺度不变性是目标跟踪算法的重要性质。通过尺度空间的构建，我们可以在不同尺度下提取目标的特征，使得算法能够在不同尺度下进行匹配和识别。

（3）特征表达的多样性

尺度空间的构建可以提供多个尺度的图像信息，这样可以得到更加丰富和多样化的特征表达。在不同尺度下，目标的外观和结构可能发生变化，因此在每个尺度上提取的特征可以提供目标不同方面的特征信息。这种多尺度的特征表达能够捕捉到目标在不同尺度上的细节以及整体结构特征，从而增强算法的鲁棒性和泛化能力。

（4）兴趣点检测和描述

在尺度空间中，可以通过比较相邻尺度上的图像差异来检测稳定的兴趣点。通过计算相邻尺度的差分图像（如 DoG 金字塔）或其他尺度变化敏感的方法，可以识别出具有较强纹理或边缘的图像区域。这些稳定的兴趣点可以用于目标跟踪、图像匹配和物体识别等任务。

（5）多尺度匹配和验证

尺度空间的构建还为多尺度匹配和验证提供了便利。通过在不同尺度下提取目标特征并进行匹配，可以实现对目标的精确定位和跟踪。同时，通过在尺度空间中验证目标的一致性，可以排除匹配失误和干扰，提高目标跟踪的准确性和稳定性。

总之，尺度空间在改进的 KCF 运动目标跟踪算法中扮演着了重要角色。它通过构建一组具有不同尺度的图像，提供了目标在多个尺度下的特征信息，实现了目标的多尺度跟踪和尺度不变性。尺度空间的定义与目的使得算法能够适应目标在尺度上的变化，提供多样化的特征表达，检测稳定的兴趣点，并实现多尺度匹配和验证。这些特性使得改进的 KCF 算法在目标跟踪任务中具有较好的性能和鲁棒性。

（二）高斯金字塔的构建

构建尺度空间的关键步骤是生成高斯金字塔。高斯金字塔是一种多尺度图像表示方法，它由一系列通过不断降采样和高斯平滑操作得到的图像组成。构建高斯金字塔的步骤如下：

1. 初始图像

高斯金字塔的第一层是原始图像。这个初始图像通常是灰度图像，可以是彩色图像的亮度通道或经过灰度转换后得到的图像。

（1）初始图像的选择

初始图像在高斯金字塔的构建中起到了基础作用。它是金字塔的第一层，也是尺度空间中最粗糙的图像。选择一个合适的初始图像对于后续的金字塔构建和尺度空间表示至关重要。通常情况下，初始图像是原始图像的灰度版本。灰度图像具有单一的亮度通道，可以更好地捕捉图像的结构和纹理信息。

（2）彩色图像的处理

如果原始图像是彩色图像，需要将其转换为灰度图像。常见的方法是将彩色图像的亮度通道提取出来，作为初始图像。亮度通道包含图像的明暗信息，对于目标跟踪和特征提取来说通常是足够的。通过提取亮度通道，可以降低计算复杂度，同时保留图像的关键特征。

（3）灰度转换

对于彩色图像，还可以将其转换为灰度图像，作为初始图像。灰度转换是一种将彩色图像映射到灰度级别的过程，通过对不同通道的像素值进行加权求和得到一个单一的灰度值。常用的灰度转换方法包括加权平均法、最大值法和最小值法等。这样可以将彩色图像转换为灰度图像，便于后续的处理和特征提取。

（4）初始图像的尺度

初始图像通常是尺度空间中最粗糙的图像，它代表了最低的尺度。尺度空间的构建过程是在初始图像的基础上进行逐层下采样和平滑操作，生成一系列具有不同尺度的图像。初始图像的尺度需要根据具体应用场景和目标尺度的范围来确定。如果目标尺度较大，初始图像的尺度可以相对较大，以便更好地捕捉目标的整体结构。如果目标尺度较小，初始图像的尺度可以相对较小，以更好地捕捉目标的细节特征。选择合适的初始图像尺度可以帮助提高算法的性能和准确性。

（5）初始图像的处理

在选择和处理初始图像时，还可以考虑一些预处理操作，以提升后续处理的效果。例如，可以对初始图像进行直方图均衡化操作，以增强图像的对比度和细节。直方图均衡化是一种通过重新分配像素值来扩展图像的动态范围的方法，可以使得图像的灰度分布更加均匀，增强图像的细节和边缘。

（6）初始图像的缩放

为了构建高斯金字塔，初始图像需要根据金字塔的层数进行缩放。通常情况下，初始图像会被缩小为金字塔的第一层。缩放操作可以使用插值方法来实现，例如双线性插值或最近邻插值。插值方法可以通过对原始图像像素的加权平均来计算新图像像素值，从而改变图像的尺寸。这样可以保持图像的纵横比例，并确保在金字塔的每一层中都有适当的图像大小。

初始图像在高斯金字塔的构建中起到了重要作用。选择合适的初始图像，通常是原始图像的灰度版本，可以是彩色图像的亮度通道或经过灰度转换后的图像。初始图像的尺度需要根据目标尺度范围来确定，以便在尺度空间中能够捕捉到目标的结构和细节特征。在构建高斯金字塔的过程中，初始图像会被缩小为金字塔的第一层，通过插值方法来改变图像的尺寸。选择和处理合适的初始图像对于SIFT特征提取算法的性能和准确性具有重要作用。

2.高斯平滑

高斯平滑通过应用高斯滤波器对图像进行卷积操作，将图像的每个像素值与高斯核函数进行加权平均，从而实现图像的平滑处理。

高斯滤波器是一种线性平滑滤波器，它的特点是在空域中具有旋转对称性和尺度不变性。它通过调整滤波器的标准差（方差的平方根）来控制平滑的程度。较大的标准差会达到较强的平滑效果，而较小的标准差会保留较多的细节信息。

高斯平滑有两方面作用：

（1）去除噪声

图像中常常存在各种类型的噪声，如高斯噪声、椒盐噪声等。这些噪声会影响图像的质量和后续处理的准确性。通过应用高斯平滑操作，可以有效地减少噪声的影响，使图像更清晰、更易于处理。

（2）模糊图像

高斯平滑操作会模糊图像，降低图像的细节和锐度。这是因为高斯滤波器对图像进行平滑时，会将每个像素的值与其周围像素的值进行加权平均，从而导致图像的模糊化。这种模糊化的效果有助于减少图像中的细节和纹理，使图像更加平滑和均匀。

在高斯金字塔的构建过程中，每一层的高斯平滑操作都是通过应用具有不同标准差的高斯滤波器来实现的。通过调整滤波器的标准差，可以控制每一层的平滑程度，从而得到具有不同模糊程度的图像。这样，金字塔的每一层都代表了原始图像在不同尺度下的平滑版本，为后续的尺度空间分析奠定了基础。

选择适当的高斯滤波器的标准差是一个重要的考虑因素。较小的标准差可以保留较多的细节信息，但可能无法很好地平滑图像和去除噪声；而较大的标准差可以达到较强的平滑效果，但可能会丢失图像的细节信息。因此，在选择高斯滤波器的标准差时需要权衡平滑和细节保留之间的关系，根据具体的应用需求和图像特点进行选择。

一种常用的方法是根据高斯滤波器的标准差与金字塔层级之间的关系来确定标准差的取值。通常情况下，金字塔的每一层都是前一层的图像经过高斯平滑和下采样得到的，因此，标准差的选择通常与下采样的倍数相关。一种常用的策略是根据金字塔层级的索引值 k 来选择标准差，即标准差为初始值乘以下采样倍数的 k 次方。这样可以保证每一层的平滑程度与图像在不同尺度下的模糊程度相对应。

另外，高斯滤波器的尺寸（大小）也是需要考虑的因素。通常情况下，滤波器的尺寸与标准差成正比。较大的滤波器尺寸可以实现更广泛的平滑效果，但也会增加计算的复杂度。在实际应用中，需要根据图像的大小和计算资源的限制来选择适当的滤波器尺寸。

需要注意的是，高斯平滑操作在构建高斯金字塔的每一层时都要进行。从初始图像开始，通过连续应用高斯滤波器和下采样操作，逐层生成金字塔的各个层级。每个层级的图像都是前一层级图像经过高斯平滑操作得到的。这样，通过金字塔的不同层级，就能够获得具有不同尺度模糊程度的图像集合，为后续的尺度空间分析奠定了基础。

3. 下采样

在经过高斯平滑的图像上进行下采样操作，即将图像的尺寸缩小。下采样可以使用插值方法，如最近邻插值或双线性插值，将图像的像素值从原始尺寸缩小到更小的尺寸。下采样后得到的图像将作为下一个金字塔级别的输入。

下采样的目的是生成不同分辨率的图像，以捕捉图像中的多尺度信息。通过降低图像的空间分辨率，可以在较小的图像尺寸上检测和描述图像的特征，同时降低计算复杂度。下采样也有助于增加金字塔的层数，从而提供更丰富的尺度信息。

下采样的方法可以使用不同的插值算法，最常见的包括最近邻插值和双线性插值。最近邻插值是一种简单的插值方法，它将原图像中的每个像素块映射到下采样后的图像中，以原像素块中的像素值作为下采样后像素的值。这种方法简单快速，但可能导致图像出现锯齿状边缘。

双线性插值是一种更精确的插值方法，它通过对原图像的像素进行加权平均来计算下采样后像素的值。具体而言，双线性插值使用原图像中距离目标像素最近的四个像素点的像素值进行加权平均，以得到下采样后像素的值。这种方法可以提供更平滑的图像边缘和过渡效果，但相对于最近邻插值会增加计算复杂度。

在进行下采样操作时，需要注意选择适当的下采样因子。过大的下采样因子会导致图像丢失过多的细节信息，从而影响后续的特征提取和目标跟踪效果。而过小的下采样因子可能导致金字塔层数过多，增加计算开销。

通过不断重复进行高斯平滑和下采样操作，就可以构建出具有多个尺度的高斯金字塔。金字塔的每个层级都包含了图像在不同尺度下的信息，其中上层的图像比下层的图像更小。这样，通过高斯金字塔的构建和下采样操作，我们可以得到一系列具有不同分辨率的图像，形成了金字塔的结构。每个金字塔级别对应一个特定的尺度，图像的分辨率逐渐降低，但每个级别仍保留了原始图像的主要特征。

在下采样的过程中，图像的尺寸缩小，从而实现了对不同尺度下的特征提取。通过缩小图像的尺寸，我们可以在较小的图像上进行特征检测和描述，从而在不同尺度下捕捉到目标物体的细节和结构。这对于运动目标跟踪非常重要，因为目标物体可能在不同尺度下出现，并且具有不同的尺度信息能够增强算法的鲁棒性和准确性。

另外，下采样也有助于降低计算复杂度。在下采样后的图像中，像素数量减少了，计算量也相应减少。这样可以提高算法的运行效率，使得目标跟踪系统能够在实时场景中快速地运行。

在选择下采样因子时，需要权衡图像分辨率和计算效率之间的关系。较大的下采样因子会导致图像分辨率降低，可能会丢失一些细节信息，但能够获得更快的计算速度。相反，较小的下采样因子能够保留更多的细节信息，但计算量也会增加。因此，选择适当的下采样因子是一个重要的考虑因素，需要根据具体的应用需求和计算资源来确定。

总而言之，通过高斯金字塔的构建和下采样操作，我们可以获得不同尺度下的图像，为后续的特征提取和目标跟踪提供了丰富的尺度信息。这为算法的鲁棒性和准确性奠定了基础，并在实际应用中取得了显著成果。

4.金字塔的层数

金字塔的层数是构建尺度空间的关键参数，它决定了金字塔的分辨率范围和尺度的精细度。在改进的 KCF 运动目标跟踪中使用的 SIFT 特征提取算法中，金字塔的层数需要根据应用需求和计算资源来确定。

较多的金字塔层数可以提供较丰富的尺度信息，使得算法能够对目标在不同尺度下的变化进行更准确的跟踪和识别。在目标跟踪任务中，目标物体可能会在不同尺度下出现，例如由于远离或靠近相机，目标物体的大小可能发生变化。增加金字塔的层数，可以覆盖更多尺度范围，提供更全面的目标表示。

然而，增加金字塔的层数也会导致计算开销增加。每增加一层金字塔，都需要进行一次下采样和高斯平滑操作，这会导致算法的计算量增大。在计算资源有限的情况下，过多的金字塔层数可能会导致算法的运行时间增加，甚至超出实时性要求。

因此，在确定金字塔的层数时，需要权衡尺度信息的丰富性和计算开销之间的关系。通常，可以通过实验和经验来选择合适的金字塔层数。一般而言，至少需要包括足够的层数以覆盖目标的尺度变化范围，同时要考虑计算资源的限制。

此外，金字塔的层数还受到高斯滤波器的参数设置的影响。高斯滤波器的参数包括滤波器的大小和标准差。较大的滤波器尺寸和较小的标准差可以产生较强的平滑效果，从而捕捉到更广泛的尺度信息。然而，这也会导致更高的计算成本。因此，在选择高斯滤波器的参数时，需要综合考虑平滑效果和计算效率之间的平衡。

总结而言，金字塔的层数是根据应用需求和计算资源来确定的，它直接影响尺度空间的分辨率和算法的计算开销。通过适当选择金字塔的层数，可以在目标跟踪任务中获得合适的尺度信息，并保持算法的高效性和实时性。

（三）尺度空间的表示

通过生成高斯金字塔，我们得到了一组具有不同尺度的图像。尺度空间中的每个图像都对应原始图像在不同尺度下的模糊版本。在 SIFT 算法中，常用的表示尺度空间的方式是使用高斯差分金字塔（Difference of Gaussian, DoG 金字塔），即对相邻两个层级的高斯图像进行差分。DoG 金字塔的生成过程如下：

1. 从第二级开始，计算相邻两个层级的差分图像

DoG 金字塔中的每个层级都是相邻两个高斯层级之间的差分，用于突出图像中的边缘和纹理特征。

2. 对差分图像进行尺度归一化处理

在 DoG 金字塔中，为了保持特征的尺度不变性，需要对差分图像进行尺度归一化处理。这可以通过对每个差分图像进行高斯平滑操作来实现。

3. 构建尺度空间表示

尺度空间的表示通常以 DoG 金字塔的形式呈现，每个金字塔级别对应一个尺度。DoG 金字塔中的每个层级都包含了图像在不同尺度下的特征信息。

（四）尺度空间的应用

构建尺度空间后，可以在每个尺度上寻找稳定的兴趣点，这些兴趣点对应于图像中的局部特征。对于每个尺度，可以通过比较相邻尺度上的图像差异来检测兴趣点。这可以通过计算 DoG 金字塔中相邻层级的差分图像来实现。

通过对尺度空间进行特征提取，SIFT 算法能够在不同尺度和旋转下对兴趣点进行描述，使得该算法具备较强的尺度不变性和旋转不变性。这使得 SIFT 算法在目标跟踪、图像匹配和物体识别等领域得到了广泛应用。

总之，尺度空间的生成是 SIFT 特征提取算法的核心步骤，通过构建高斯金字塔和差分操作，我们能够获取图像在不同尺度下的特征表示。这为 SIFT 算法提供了良好的尺度不变性和旋转不变性，使它成为一种强大的特征提取方法，广泛应用于计算机视觉领域的各种任务中。

二、特征点定位

在改进的 KCF 运动目标跟踪中使用的 SIFT 特征提取算法中，特征点的定位是一个重要步骤。尽管通过高斯差分金字塔构建的尺度空间能够提供图像在不同尺度下的特征信息，但极值点并不一定是真正的特征点，因为它们是在离散空间中搜索得到的。为了对特征点进行精确的定位，需要进行以下操作来剔除不满足条件的特征点。

（一）尺度空间极值点检测

在 SIFT 算法中，尺度空间通过高斯金字塔的构建来表示图像的不同尺度。极值点检测是在尺度空间中进行的，目的是找到具有最大或最小响应的像素点，这些点被认为是潜在的特征点。为了寻找极值点，需要在每个像素点周围的邻域进行比较，包括其 8 个相邻像素点以及 9 个相邻尺度的像素点。通过比较，可以找到局部最大值或最小值，即极值点。

然而，尺度空间中的极值点并不一定是真正的特征点，因为它们可能只是噪声或者不稳定的边缘响应。因此，需要进一步对这些极值点进行筛选和精确定位。

（二）候选特征点精确筛选

对于检测到的极值点，需要进行筛选以剔除不满足条件的极值点。常用的筛选方法是应用阈值，例如设置一个灵敏度阈值，只保留具有足够强度的极值点作为候选特征点。这样可以帮助排除噪声和低强度的响应。

（三）关键点精确定位

在候选特征点上进行关键点的精确定位是为了确定特征点的精确位置、尺度和主方向。在 SIFT 算法中，采用了插值方法来实现对关键点的精确定位。具体而言，通过在尺度空间中对关键点周围的像素进行二次曲面拟合，可以估计出特征点的亚像素级精确位置。此外，还可以计算关键点的尺度和主方向，用于后续的特征描述子计算和匹配。

（四）边缘响应剔除

在关键点定位后，需要进一步剔除具有明显边缘响应的特征点。边缘点通常具有高响应值，但其特征不具有旋转不变性和尺度不变性，因此不适合作为稳定的特征点。对于边缘响应点，可以利用特征点周围的梯度方向直方图进行判断。通过计算特征点周围像素的梯度方向和幅值，可以构建一个梯度方向直方图。如果直方图中存在明显的峰值，表示该特征点周围存在边缘结构，因此可以将其排除。

具体而言，可以将特征点周围的像素划分为若干个方向区间，并统计每个区间内的梯度幅值之和。然后根据梯度幅值的峰值情况，判断该特征点是否具有明显的边缘响应。如果梯度幅值峰值较低，可以将该特征点排除，以保留具有良好稳定性的特征点。

（五）尺度空间极值点的精确匹配

在多尺度的尺度空间中，可能存在相邻尺度上的特征点非常接近的情况。为了剔除重复的特征点，需要进行特征点的精确匹配。这一步骤主要通过比较特征点的特征向量之间的距离来判断是否为重复的特征点，并进行剔除。

特征向量可以通过计算特征点周围像素的梯度方向和幅值，并构建一个描述特征点局部结构的向量来表示。通过比较特征向量之间的距离，可以判断特征点是否相似。如果两个特征点的特征向量距离小于阈值，则认为它们是相同的特征点，需要进行剔除。

通过以上步骤，可以对 SIFT 特征提取算法中的特征点进行精确的定位和筛选，得到具有良好稳定性和区分度的特征点集合。这些特征点将用于后续的特征描述子计算和目标跟踪过程，从而提高改进的 KCF 运动目标跟踪的性能和准确性。

总结起来，特征点定位是 SIFT 特征提取算法中的关键步骤，通过尺度空间极值点检测、候选特征点筛选、关键点精确定位、边缘响应剔除和尺度空间极值点的精确匹配等过程，可以得到稳定、具有良好特性的特征点集合。这些特征点能够提供丰富的图像信息，并在改进的 KCF 运动目标跟踪中用于目标跟踪的过程中发挥重要作用。通过 SIFT 特征提取算法提取到的特征点，可以用于对目标的描述和匹配，从而实现对目标的准确跟踪。

三、特征点主方向判断

改进的 KCF 运动目标跟踪中使用的 SIFT 特征提取算法包含了特征点主方向判断的步骤，以提高特征描述子的旋转不变性。在特征点定位过程中，通过构建尺度空间和关键点定位，我们已经找到了在不同尺度空间中稳定的关键点。

（一）特征点主方向估计的重要性

特征点主方向是指在特征点周围的局部区域内，图像灰度变化最明显的方向。在 SIFT 特征提取算法中，确定特征点的主方向，可以使特征描述子具有旋转不变性，从而提高目标跟踪的鲁棒性。主方向的选择要准确，以保证特征描述子对目标在图像中的旋转、尺度变化等因素具有稳定性。

1. 旋转不变性的重要性

旋转不变性是指在图像发生旋转时，特征点的描述子能够保持不变。在实际应用中，目标对象的旋转可能会导致特征点在图像中的位置和方向发生变化。如果特征点的描述子没有旋转不变性，那么在目标旋转的情况下，特征点的匹配会受到干扰，从而降低目标跟踪的准确性和鲁棒性。

确定特征点的主方向，可以使特征描述子具有旋转不变性。在特征点周围的局部区域内，主方向代表了图像灰度变化最明显的方向，因此主方向的选择与目标的旋转关系密切。通过在不同的尺度空间中检测特征点并选择其主要方向，可以确保特征描述子对于不同尺度和旋转变化具有稳定性，从而提高目标跟踪的鲁棒性。

2. 主方向选择的准确性

准确选择主方向对于保证特征描述子的稳定性至关重要。主方向应该能够准确地反映特征点周围的图像结构和纹理信息。一个准确的主方向选择可以提供更具判别性的特征描述子，从而增强目标跟踪的准确性。

主方向的准确选择主要基于特征点周围区域的梯度信息。通过计算特征点邻域内每个像素点的梯度方向和幅值，并构建梯度方向直方图，可以找到具有最大梯度幅值的方向作为主方向。这样选择的主方向能够较好地反映特征点周围的纹理和边缘信息，使得特征描述子具有更强的区分能力。

准确选择主方向还可以帮助解决特征点存在多个主方向的情况。有时，特征点周围可能存在多个明显的峰值，表示存在多个主方向。在这种情况下，可以选择多个主方向来生成多个特征描述子，以覆盖不同的旋转变化情况。这样可以进一步增强特征描述子的鲁棒性和区分能力。

3. 影响主要方向选择的因素

在进行主方向选择时，有以下几个因素需要考虑：

（1）图像中的局部结构

主方向应该与特征点周围的图像结构相匹配，例如边缘、纹理等。选择与局部结构一致的主方向可以提供更强的特征描述子区分能力。

（2）梯度方向分布

通过计算特征点邻域内像素点的梯度方向，可以得到梯度方向直方图。主方向的选择应该基于直方图中具有显著峰值的方向，这表示在该方向上有较大的梯度变化。

（3）多主方向处理

在某些情况下，特征点周围可能存在多个明显的峰值，这表示存在多个主要方向。在这种情况下，可以选择多个主方向来生成多个特征描述子，以增强特征描述子的表达能力。

4. 主方向估计的步骤

通常，特征点主方向的估计可以通过以下步骤实现：

（1）特征点领域的梯度计算

选择特征点周围的局部邻域，并计算每个像素点的梯度方向和幅值。常用的方法是使用 Sobel 算子或其他梯度算子。

（2）梯度方向直方图构建

根据邻域内每个像素点的梯度方向，将其划分到一系列的方向区间中，例如将 360 度均分为 36 个方向区间。然后统计每个方向区间内的梯度幅值之和，构建一个梯度方向直方图。

（3）主方向的确定

在梯度方向直方图中，找到具有最大梯度幅值的方向，该方向即为特征点的主要方向。可以通过寻找峰值或使用插值方法来精确定位主方向。

（4）多主方向处理

如果存在多个明显的峰值，表示存在多个主要方向，可以选择多个主方向来生成多个特征描述子。

通过以上步骤，可以准确地估计特征点的主方向，从而生成具有旋转不变性的特征描述子。这样的特征描述子在目标跟踪中能够更好地应对旋转和尺度变化，提高跟踪的准确性和鲁棒性。

（二）特征点主方向判断方法

特征点主方向的判断可以通过计算特征点周围像素的梯度方向来实现。以下是一种估计特征点主方向的常用方法：

1. 特征点领域的梯度计算

首先，在特征点附近选择一个局部邻域，例如以特征点为中心的半径为 r 的圆形区域。然后，在该区域内计算每个像素点的梯度方向和幅值。梯度方向可以通过计算像素点的水平和垂直方向上的灰度变化来获得，常用的方法是利用 Sobel 算子或其他梯度算子。

2. 梯度方向直方图构建

根据邻域内每个像素点的梯度方向，将其划分到一系列的方向区间中，例如将 360 度均分为 36 个方向区间。然后统计每个方向区间内的梯度幅值之和，构建一个梯度方向直方图。直方图的每个 bin 对应一个方向区间，bin 的高度是该方向区间内的梯度幅值之和。

3. 主方向的确定

在梯度方向直方图中，找到具有最大梯度幅值的 bin，该 bin 对应的方向即特征点的主方向。可以通过寻找峰值或使用插值方法来精确定位主方向。

4. 多主方向的处理

有时，特征点周围可能存在多个明显的峰值，表示存在多个主要方向。可以采取以下方法处理多主方向的情况：

（1）主方向分配

对于存在多个明显峰值的梯度方向直方图，可以选择其中最高的峰值作为主方向，并将其分配给当前的特征点。然后将其他峰值与主方向进行比较，如果它们的幅值超过主方向的一定比例（如80%），则将其视为附加的次要方向。

（2）多特征点生成

对于每个明显的峰值都生成一个新的特征点，每个特征点具有不同的主方向。这样可以增加特征点的数量，提高特征描述子的丰富性和鲁棒性。但需要注意，生成的特征点应该保持一定的密度，以避免过度冗余。

（3）插值估计

对于存在连续性的峰值，可以使用插值方法进行更精确的估计。一种常用的插值方法是拟合峰值周围的梯度幅值，例如使用高斯曲线拟合，从而得到更准确的主方向估计。

综合考虑，选择哪种方法来处理多主方向的情况取决于具体应用和算法设计的需求。在改进的 KCF 运动目标跟踪中，可以根据实际情况选择其中一种或多种方法来处理多个主方向的情况，以提高目标跟踪的鲁棒性和准确性。

总结起来，特征点主方向的判断是 SIFT 特征提取算法中的关键步骤之一。通过计算特征点周围像素的梯度方向，并构建梯度方向直方图，可以确定特征点的主要方向。对于存在多个主方向的情况，可以采取主方向分配、多特征点生成或插值估计等方法进行处理。这样可以使特征描述子具有更好的旋转不变性，提高目标跟踪的鲁棒性和准确性。

四、生成特征点的描述

在改进的 KCF 运动目标跟踪中使用的 SIFT 特征提取算法中，生成特征点的描述是特征提取的最后一步。通过描述特征点，我们可以捕捉到特征点周围图像区域的特征信息，并用于目标跟踪和匹配。

（一）确定特征点描述的区域

在生成特征点描述之前，首先需要确定描述的区域。一般而言，特征点描述区域的大小是一个固定的窗口，其大小通常与特征点的尺度相关。可以根据特征点的尺度参数来确定描述区域的半径或边长。

1.特征点尺度和描述区域的关系

在 SIFT 特征提取算法中，每个特征点都有一个尺度参数，用来表示特征点的大小或尺度。这个尺度参数通常是通过尺度空间构建中的高斯金字塔计算得到的。

特征点的尺度与其在图像中的大小和形状有关，尺度较大的特征点对应较大的物体或局部结构。

特征点的尺度与描述区域的大小密切相关。一般而言，特征点的尺度越大，描述区域的尺寸也越大，以覆盖更多的图像信息。相反，对于尺度较小的特征点，描述区域的尺寸可以相应地减小。

2.描述区域的确定方法

在确定描述区域时，可以根据特征点的尺度参数来计算窗口的大小。下面介绍两种常用的描述区域确定方法：

（1）基于固定比例因子的确定方法

这种方法是最常用的，它用特征点的尺度参数乘以一个固定的比例因子来计算描述区域的尺寸。比例因子通常是一个常数，用来调整描述区域的大小。例如，可以选择一个常数倍数，如1.5或2，用特征点的尺度乘以该倍数来确定描述区域的半径或边长。

（2）基于像素数目的确定方法

这种方法是根据描述区域包含的像素数目来确定其尺寸的。可以根据特征点的尺度参数计算描述区域的面积，然后根据所需的像素密度或像素数目来确定描述区域的边长或半径。例如，可以设定描述区域的像素数目为 n，然后根据特征点的尺度参数计算描述区域的面积，并根据面积计算出描述区域的边长或半径。

3.选择描述区域大小应考虑的因素

在选择描述区域的大小时，需要考虑以下因素：

（1）特征点的稳定性

描述区域的大小应该足够大，以确保包含足够的图像信息来生成稳定的特征描述子。如果描述区域过小，可能无法捕捉到特征点周围的重要信息，导致特征描述子不准确或不具有区分度。

（2）计算效率

描述区域的大小也会影响计算效率。较大的描述区域需要处理更多的像素，可能会增加计算的复杂性和时间开销。因此，在确定描述区域大小时，需要在稳定性和计算效率之间进行权衡。

（3）尺度不变性

描述区域的大小应该与特征点的尺度相关，以保持尺度不变性。当特征点的尺度发生变化时，描述区域的大小也会相应调整，以适应不同尺度的图像结构。

这样可以确保生成的特征描述子对于尺度变化具有稳定性。

（4）特定应用需求

不同的目标跟踪任务可能对描述区域的大小有不同的需求。对于一些复杂的场景或目标，可能需要较大的描述区域来提取更多的细节信息。而对于简单的目标或场景，较小的描述区域可能已足够提取关键特征。

总之，选择描述区域的大小需要综合考虑特征点的稳定性、计算效率、尺度不变性以及特定应用需求。合理选择描述区域的大小，可以生成具有旋转不变性和区分度的特征描述子，从而提高目标跟踪的准确性和鲁棒性。

（二）坐标轴旋转至关键点主方向

旋转坐标轴，可以使描述区域中的特征信息相对于主方向进行描述，从而实现特征描述的旋转不变性。

1.特征点主方向的确定

在 SIFT 算法中，通过计算特征点周围像素的梯度方向，可以得到特征点的主方向。主方向代表特征点周围局部区域内灰度变化最明显的方向。通常使用梯度方向直方图来估计主方向，选择具有最大梯度幅值的方向作为主方向。

2.坐标轴旋转

一旦特征点的主方向确定，就可以将坐标轴旋转至该方向。旋转坐标轴的目的是使描述区域内的特征信息相对于主方向进行描述。在旋转之前，首先将特征点所在的坐标系平移到图像的原点位置，然后以主方向为基准，旋转坐标轴至与主方向对齐。

3.描述区域的特征提取

旋转坐标轴后，描述区域内的特征点和相关像素点的坐标将相应地进行调整。在描述区域中，可以采用各种特征提取方法来计算特征点的描述值，例如计算梯度直方图、局部二值模式（LBP）等。这些特征提取方法将对描述区域内的灰度、梯度、纹理等信息进行统计和编码，生成特征点的描述子。

将坐标轴旋转至关键点的主方向，能确保描述区域内的特征信息相对于主方向进行描述，从而实现特征描述的旋转不变性。这意味着即使目标在图像中发生旋转，特征点的描述子仍然能够保持一致，从而提高目标跟踪的准确性和鲁棒性。特别是在涉及目标旋转的场景下，旋转不变性是至关重要的。

总结来说，将坐标轴旋转至关键点的主方向，可以使描述区域内的特征信息相对于主方向进行描述，实现了特征描述的旋转不变性。这个过程确保了特征描述子对于目标在图像中的旋转具有稳定性，提高了目标跟踪的准确性和鲁棒性。当目标发生旋转时，特征点的描述子仍然能够准确匹配目标，从而实现稳定的目标跟踪。

（三）描述子生成

在旋转坐标轴至主方向后，描述子的生成可以通过以下步骤实现：

1. 将描述区域划分为小的子区域

首先，将旋转后的描述区域划分为多个小的子区域。常用的划分方式是将描述区域划分为 4×4 或 8×8 的网格，形成若干个子区域。

2. 计算子区域内像素点的梯度方向和幅值

对于每个子区域内的像素点，通过计算其梯度方向和梯度幅值来获取梯度信息。梯度方向表示像素点的灰度变化方向，而梯度幅值表示像素点的灰度变化强度。

3. 划分梯度方向区间

将梯度方向划分为多个方向区间，例如将 360 度均分为 8 个方向区间。每个方向区间对应一个角度范围。

4. 统计梯度幅值并构建梯度方向直方图

对于每个子区域，将其内部像素点的梯度方向根据方向区间进行统计。对于每个方向区间，统计该区间内梯度幅值的总和或平均值，形成一个梯度方向直方图。直方图的每个 bin 表示一个方向区间，其值表示该区间内梯度幅值的统计结果。

5. 连接子区域的描述子

将每个子区域的梯度方向直方图连接成一个向量。这样，每个子区域都会贡献一个固定长度的子向量。通过连接所有子区域的子向量，形成整个描述区域的特征描述子。

6. 形成特征点的描述子

将描述区域内所有子区域的特征描述子连接成一个更大的向量，形成特征点的最终描述子。这个向量是高维的，每个维度对应一个子区域的特征。

生成的特征描述子具有旋转不变性和局部性质，能够捕捉到描述区域内的局部特征信息。这些特征信息对于目标跟踪和目标识别非常有用，因为它们在一定程度上能够抵抗光照变化、尺度变化和视角变化等因素的影响。

（四）描述子的归一化和降维

生成的特征描述子可能会受到光照变化和噪声的影响，为了增强其鲁棒性，常常对描述子进行归一化和降维处理。

1. 归一化

常见的归一化方法包括 L2 归一化和阈值截断。L2 归一化可以通过将描述子向量除以其 L2 范数（欧几里得范数）来实现，这会使描述子具有单位长度。这样做可以抵抗光照变化对特征描述子的影响，并提高匹配的准确性。阈值截断则可以通过将描述子中较大的元素限制在一个预定的阈值范围内，以减小噪声的影响。

2. 降维

由于生成的特征描述子通常具有高维度，可能会导致计算和存储开销增加。为了减小维度并提高计算效率，可以采用降维方法，如主成分分析（Principal Component Analysis，PCA）或局部特征减少（Local Feature Reduction，LFR）。这些方法可以通过保留描述子的最重要特征来减少其维度，同时尽量保持特征的区分性。

通过归一化和降维处理，生成的特征描述子将具有更高的鲁棒性和计算效率，适用于目标跟踪和匹配的应用场景。

（五）特征描述子的应用

生成的特征描述子可以用于目标跟踪和匹配。在改进的 KCF 运动目标跟踪中，特征描述子可以用于表示目标的外观特征，从而实现对目标的准确跟踪。通过比较目标特征描述子与候选区域的特征描述子，可以计算它们之间的相似性或距离，并确定最佳匹配的目标位置。

在匹配任务中，特征描述子可以用于图像检索、物体识别和图像对齐等应用。通过计算特征描述子之间的相似性，可以找到最相似的图像或物体，实现图像检索和物体识别。此外，特征描述子还可以用于图像对齐，通过匹配图像中的特征点并计算其几何变换关系，实现图像的对齐和校正。

通过将坐标轴旋转至特征点的主方向，并计算特征点周围区域的梯度信息，可以生成具有旋转不变性的特征描述子。这些特征描述子在目标跟踪和匹配中发挥重要作用，提高了算法的鲁棒性和准确性。

第三节　改进的 KCF 算法

一、算法流程

（一）算法流程概述

改进的 KCF 运动目标跟踪算法的流程如图 5-1 所示。

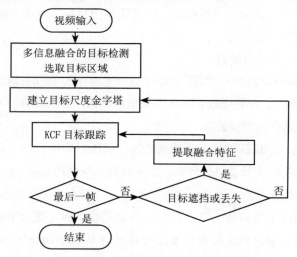

图 5-1　改进的 KCF 算法流程图

　　算法的输入是视频帧，首先通过多信息融合的目标检测算法确定目标检测区域。然后建立视频首帧的目标尺度金字塔，并使用 KCF 算法对目标区域进行跟踪。在跟踪过程中，判断当前帧是否为视频的最后一帧，如果是，则跟踪结束；如果不是，则判断当前帧是否出现目标遮挡或丢失等情况。若出现目标遮挡或丢失等情况，算法将在前期建立的目标尺度金字塔的基础上，生成当前帧的融合特征模板，并与后续帧生成的融合特征进行匹配，直到重新框定目标位置。继续利用 KCF 算法进行跟踪，直至检测到视频的最后一帧并完成跟踪任务。

（二）算法详细流程

接下来，将详细介绍改进的 KCF 运动目标跟踪算法的各个步骤。

1. 输入视频帧和目标检测

算法的输入是视频帧序列。通过前文提出的多信息融合的目标检测算法，对视频帧进行目标检测，得到目标检测区域。

2. 建立首帧的目标尺度金字塔

针对视频的首帧，建立目标尺度金字塔。目标尺度金字塔由一系列不同尺度的候选框组成，用于在后续帧中搜索目标位置。这些候选框的尺度范围通常基于目标在首帧中的尺度信息。

3. 使用 KCF 算法进行目标跟踪

利用 KCF 算法对目标区域进行跟踪。KCF 算法通过学习目标模板和目标区域的相关性，使用相关滤波器进行跟踪。该算法利用目标区域的特征表示和滤波器的更新来实现跟踪。

4. 判断当前帧是否为最后一帧

在每一帧的跟踪过程中，判断当前帧是否为视频的最后一帧。如果是最后一帧，则跳转到步骤 6，结束跟踪；如果不是最后一帧，则继续执行下一步骤。

5. 判断目标是否遮挡或丢失

在每一帧中，判断目标是否遮挡或丢失。如果目标没有遮挡或丢失，跳转回步骤 3，继续利用 KCF 算法进行跟踪。如果目标发生遮挡或丢失，进入下一步骤。

6. 生成融合特征模板

在目标遮挡或丢失的情况下，利用前期建立的目标尺度金字塔，生成当前帧的融合特征模板。融合特征模板是通过将 HOG（Histogram of Oriented Gradients）特征和 SIFT（Scale-Invariant Feature Transform）特征进行融合而得到的。HOG 特征能够捕捉目标的形状和边缘信息，而 SIFT 特征具有旋转不变性和尺度不变性，能够提取目标的局部纹理信息。融合这两种特征，可以增强跟踪器对目标的鲁棒性和准确性。

7. 匹配融合特征模板

将生成的融合特征模板与后续帧生成的融合特征进行匹配，以确定目标在当前帧中的位置。匹配过程可以采用相关性匹配或其他相似度量方法，找到最匹配的位置。

8.更新滤波器和目标位置

根据匹配结果，更新相关滤波器和目标位置。通过滤波器的学习和更新，跟踪器能够适应目标的外观变化和运动变化，从而提高跟踪的准确性和鲁棒性。

9.跳转回步骤4

跳转回步骤4，判断下一帧是否为最后一帧。如果不是最后一帧，则继续执行步骤5~8，进行下一帧的跟踪；如果是最后一帧，则跟踪结束。

改进的KCF运动目标跟踪算法结合了多信息融合的目标检测和KCF跟踪器，通过融合特征模板的生成和匹配，实现了对目标在遮挡或丢失情况下的鲁棒跟踪。算法的流程包括目标检测、建立尺度金字塔、KCF跟踪、判断当前帧是否为最后一帧、判断目标是否遮挡或丢失、生成融合特征模板、匹配融合特征模板、更新滤波器和目标位置等步骤。

改进的KCF运动目标跟踪算法的优点在于通过融合不同特征（HOG和SIFT）来增强跟踪器的鲁棒性和准确性。HOG特征能够捕捉目标的形状和边缘信息，而SIFT特征具有旋转不变性和尺度不变性，能够提取目标的局部纹理信息。融合这两种特征可以在目标遮挡或丢失的情况下，提供更全面和多样化的特征描述，从而提高跟踪的稳定性和鲁棒性。

此外，算法还利用目标尺度金字塔来适应目标的尺度变化，并通过滤波器的学习和更新来适应目标的外观变化和运动变化。这些机制使得跟踪器能够更好地适应复杂的目标场景，从而提供准确的目标位置估计。

总结而言，改进的KCF运动目标跟踪算法通过融合特征模板的生成和匹配，在目标遮挡或丢失的情况下实现了鲁棒的目标跟踪。算法的流程清晰明了，结合了目标检测和KCF跟踪的优势，能够适应目标的外观和尺度变化，并具有较高的准确性和鲁棒性。这使得该算法在实际的运动目标跟踪应用中具有巨大的潜力。

二、尺度金字塔引入

KCF算法的跟踪框尺度固定，用大小固定的跟踪框搜索下一帧中的目标区域，需要花费很高的算力，会降低算法的运算速度。因此，考虑将SIFT特征提取算法中的尺度金字塔引入KCF算法中，将尺度空间的搜索区域范围缩小，以实现跟踪框尺度的自适应。同时，对后期跟踪过程中目标出现遮挡或丢失的情况，可以减少SIFT算法对目标区域进行重新检测的计算量，在与后续帧SIFT特征区域进行匹配时，也可以缩小特征检测的范围，提高跟踪速度。引入尺度金字塔的过程如下所示：

（一）视频首帧的目标区域建立尺度金字塔

在跟踪算法的初始阶段，首先将视频的首帧读入，并根据前文所述的多信息融合的目标检测算法框出目标检测区域。然后针对该目标区域，建立一个尺度金字塔。尺度金字塔由一系列不同尺度的图像组成，每个图像都是通过对原始图像进行缩放和平滑得到的。这样可以在不同尺度下对目标进行跟踪，并对目标的尺度变化具有一定的适应性。

1. 视频首帧的读入和目标区域的框定

在跟踪算法的初始阶段，首先将视频的首帧读入内存中。该帧包含了目标待跟踪的初始状态。然后根据前文提到的多信息融合的目标检测算法，对视频首帧进行处理，以框定目标的检测区域。多信息融合的目标检测算法可以利用不同的特征和检测方法来获得目标的粗略位置和大小。

2. 建立尺度金字塔

在目标检测区域框定后，针对该区域建立尺度金字塔。尺度金字塔由一系列不同尺度的图像组成，每个图像都是通过对原始图像进行缩放和平滑得到的。在建立尺度金字塔时，需要确定金字塔的尺度范围和步长。

（1）尺度范围

确定尺度金字塔的范围是指确定图像在不同尺度下的缩放比例。通常情况下，可以根据目标的初始大小和预估的尺度变化范围来设定尺度金字塔的范围。

（2）步长

步长是指每次缩放图像的比例，即每个金字塔层之间的尺度差异。较小的步长可以提供更多的尺度变化，但会增加计算量。根据目标的尺度变化情况，可以选择适当的步长。

3. 图像的缩放和平滑操作

在尺度金字塔中的每个金字塔层，对原始图像进行缩放和平滑操作。采用插值算法将图像按照指定的尺度进行缩放，使得目标在不同尺度下都能得到适当地表示。常用的插值算法有最近邻插值、双线性插值等。

平滑操作则是为了减少图像噪声和细节，使得图像在不同尺度下更加平滑。常用的平滑方法有高斯滤波器，它可以通过卷积操作对图像进行平滑处理。

具体地，对于每个金字塔层，首先将原始图像按照指定的尺度进行缩放，得到对应尺度下的图像。然后对缩放后的图像应用平滑滤波器，例如高斯滤波器，以去除图像中的噪声和细节，同时保留目标的主要信息。平滑后的图像成为尺度金字塔中的一层，其尺度比上一层略大。

通过对原始图像进行缩放和平滑操作，尺度金字塔可以提供一系列具有不同尺度的图像，覆盖了目标可能出现的各种尺度。这样，即使目标在不同尺度下发生变化，跟踪算法也可以通过尺度金字塔中的图像来适应目标的尺度变化，提高跟踪的准确性和鲁棒性。

尺度金字塔的建立在改进的KCF算法中起到了关键作用。它允许算法在多个尺度上进行目标搜索和跟踪，而不仅仅局限于固定的尺度。通过在不同尺度下对目标进行建模和匹配，算法可以更好地适应目标的尺度变化，并提高跟踪的准确性和成功率。同时，尺度金字塔还可以降低算法的计算复杂度，因为不需要在每一帧中都进行全局的搜索和匹配，而是在尺度金字塔中选择合适的尺度进行跟踪，提高了算法的运行速度。

总结起来，通过在视频首帧的目标区域建立尺度金字塔，改进的KCF算法能够自适应地跟踪不同尺度的目标。这一过程包括读入视频首帧并框定目标区域，建立尺度金字塔并对图像进行缩放和平滑操作。尺度金字塔的建立使得算法能够适应目标的尺度变化，并提高跟踪的准确性和鲁棒性。

（二）相关滤波器的响应值计算

对于建立好的尺度金字塔，采用相关滤波器（如线性滤波器）来计算每个尺度下的目标响应值。相关滤波器通过学习目标的外观模型和尺度模型，在图像中寻找与目标相似的区域，并计算出响应值。响应值的计算可以采用快速傅里叶变换（FFT）等方法，以提高计算效率。以下是改进的KCF算法中相关滤波器响应值计算的详细过程：

1. 学习目标的外观模型和尺度模型

在初始阶段，通过使用训练数据集来学习目标的外观模型和尺度模型。外观模型描述了目标在不同尺度下的外观特征，尺度模型描述了目标在不同尺度下的尺度变化情况。这些模型的学习可以使用特征提取方法，如前文提到的SIFT特征提取算法，从训练数据集中提取目标的特征并进行建模。

2. 构建相关滤波器

相关滤波器是用于计算图像中每个位置的目标响应值的核心组件。它可以根据目标的外观模型和尺度模型，对图像进行滤波操作，以获取目标的响应信息。一种常用的相关滤波器是线性滤波器，它可以通过快速傅里叶变换（FFT）来实现高效的计算。

3.计算目标响应值

对于每个尺度下的图像，将图像与相关滤波器进行卷积操作，可以得到对应位置的目标响应值。在计算过程中，可以采用快速傅里叶变换（FFT）等方法，以加速卷积计算的过程。目标响应值表示图像中与目标最相似的位置，可以用于确定目标的当前位置。

4.选择最大响应的尺度

针对每个尺度，计算得到的目标响应值都可以表示图像中与目标最相似的位置。通过比较不同尺度下的响应值，可以选择具有最大响应的尺度作为当前帧的目标尺度。最大响应的尺度对应的图像即当前帧的最佳尺度。

通过以上步骤，改进的 KCF 算法能够计算每个尺度下的目标响应值，并选取最大响应的尺度来确定目标的位置。这样做的目的是找到与目标外观和尺度模型最匹配的图像区域，从而实现对目标的准确跟踪。

（三）目标尺度的更新

根据计算得到的响应值，选择具有最大响应的尺度作为当前帧的目标尺度。然后根据新的目标尺度在尺度金字塔中找到相应的图像作为新的样本，用于更新目标的表观模型和尺度模型。通过更新模型，可以保持对目标的准确跟踪，并适应目标的尺度变化。

1.最大响应尺度的选择

在每一帧中，根据之前计算得到的响应值，选择具有最大响应的尺度作为当前帧的目标尺度。最大响应尺度对应的图像样本被认为是最接近目标的位置。该选择过程可以通过以下步骤完成：

（1）计算每个尺度下的目标响应值

针对尺度金字塔中的每个尺度，使用相关滤波器等方法计算目标响应值。响应值表示图像中与目标最相似的位置。

（2）选择最大响应的尺度

从所有尺度的响应值中选取具有最大响应的尺度。最大响应尺度被认为是当前帧中目标的最佳估计。

（3）获取最大响应尺度对应的图像样本

根据选择的最大响应尺度，在尺度金字塔中找到对应的图像样本。这个样本将被用于更新目标的模型。

2. 目标模型的更新

在选择最大响应尺度后，需要通过使用最大响应尺度对应的图像样本来更新目标的表观模型和尺度模型。这样可以保持对目标的准确跟踪，并适应目标的尺度变化。

（1）更新表观模型

通过从最大响应尺度对应的图像样本中提取目标的特征，可以更新目标的表观模型。特征提取方法可以使用 SIFT、HOG 等常用的特征描述子。提取到的特征可以用于更新表观模型，确保模型能够准确描述目标的外观特征。

（2）更新尺度模型

在目标尺度变化的情况下，需要更新目标的尺度模型，以便在尺度金字塔中能够选择正确的尺度。计算最大响应尺度对应图像样本与之前目标样本的尺度差异，并更新尺度模型，使其能够更好地适应目标的尺度变化。

（3）模型的训练和更新

更新的目标表观模型和尺度模型可以使用线性回归、支持向量机等机器学习方法进行训练和更新。这些方法可以通过比较目标样本与背景样本之间的差异来学习目标的外观模型，并根据目标在不同尺度下的变化来学习尺度模型。

3. 目标尺度的更新

更新目标模型后，可以通过以下步骤来更新目标尺度：

（1）确定目标尺度变化

在每一帧中，比较当前帧中目标的表观模型与之前帧中的表观模型，以确定目标尺度的变化。这可以通过计算两个表观模型之间的尺度差异来实现。

（2）更新尺度模型

根据目标尺度的变化，更新尺度模型，使其能够更好地适应目标的尺度变化。可以使用线性回归、支持向量机等机器学习方法来学习尺度模型的更新。

（3）调整尺度金字塔

在更新尺度模型后，可以调整尺度金字塔的尺度范围，以便更好地适应目标的尺度变化。可以增加或减少金字塔中的尺度层数，以覆盖目标可能出现的尺度范围。

（4）更新目标的表观模型

在进行尺度调整后，需要重新提取目标样本的特征，并使用更新后的尺度模型来更新目标的表观模型。这样可以确保目标的表观模型能够适应目标在新的尺度下的变化。

通过以上步骤，目标尺度的更新可以实现对目标的自适应跟踪，并在目标尺度变化时进行调整。这样，改进的 KCF 算法可以更准确地跟踪目标，并适应不同尺度下的目标变化。

尺度金字塔允许跟踪算法在不同尺度下对目标进行搜索和跟踪，提高了算法的鲁棒性。融合特征模板结合了多种特征信息，可以更好地描述目标的外观和尺度变化，提高跟踪的准确性。通过这些改进，算法能够更好地应对目标的尺度变化和遮挡情况，提高了跟踪的效果和实时性。

三、目标遮挡的判断和重新定位

（一）目标遮挡的判断

1. 基于响应图的遮挡判断

在 KCF 算法中，通过计算相关滤波器的响应图，可以得到目标的位置和响应强度。当目标被遮挡时，遮挡物体或复杂背景会引入额外的信息，导致响应图的分布发生变化。因此，可以通过分析响应图的特征来判断目标是否发生遮挡。

（1）响应图的峰值判断

在 KCF 算法中，相关滤波器的响应图表示了目标在图像中的位置和响应强度。当目标被遮挡时，遮挡物体或复杂背景会引入额外的信息，导致响应图的分布发生变化。因此，可以通过以下步骤进行峰值判断：

首先，通过相关滤波器计算得到当前帧的响应图。

其次，对响应图进行峰值检测，找到响应最强的位置和强度。这可以通过寻找局部极大值的方法实现。

再次，判断峰值位置是否位于目标的预期位置以外，或者峰值强度是否较弱。如果峰值位置偏离目标位置较远或者峰值强度较弱，可能表明目标被遮挡。

最后，对响应图的峰值进行判断，可以初步推测目标是否发生了遮挡。然而，仅凭峰值判断可能存在误判的情况，因此需要进一步进行相邻帧响应图的比较。

（2）相邻帧响应图的比较

相邻帧响应图的比较是判断目标是否发生遮挡的有效方式。这种方法利用了连续帧之间的一致性，通过比较不同帧之间的响应图差异来推断目标是否被遮挡。具体步骤如下：

首先，保存之前几帧的响应图，可以是连续的固定帧数或采用滑动窗口的方式进行保存。

其次，计算当前帧的响应图与之前帧的响应图之间的差异。常用的差异度量方法包括欧氏距离、相交系数等。

最后，根据差异的大小，判断是否存在较大的差异。如果差异超过预设阈值，说明当前帧的响应图与之前帧的响应图存在明显差异，可能表示目标发生了遮挡。

通过相邻帧响应图的比较，可以进一步提高对遮挡判断的准确性。

2.基于图像相似度的遮挡判断

可以使用图像相似度量方法来衡量目标区域在连续帧中的相似程度。当目标未被遮挡时，连续帧的目标区域图像相似度较高；而当目标被遮挡时，图像相似度会下降。

（1）相似度量方法

相似度量方法用于计算图像之间的相似程度，可以衡量目标区域在连续帧中的外观变化。常用的相似度量方法包括：

相交系数（Intersection Coefficient）：计算两个图像的重叠区域的比例。

卡方系数（Chi-Square Coefficient）：度量两个图像的差异程度。

Bhattacharyya系数：衡量两个图像的统计分布的重叠程度。

欧氏距离（Euclidean Distance）：计算两个图像像素值之间的欧氏距离。

余弦函数（Cosine Similarity）：计算两个图像特征向量之间的夹角余弦值。

通过选择合适的相似度量方法，可以准确地衡量目标区域在连续帧中的相似程度。

（2）目标区域的图像相似度计算

对于每一对连续帧，可以按照以下步骤计算目标区域的图像相似度：

首先，提取目标区域的图像块。可以使用目标的位置信息和尺寸来截取连续帧中的目标区域。

其次，对提取的目标图像块应用特征提取方法，例如使用SIFT、HOG等方法提取目标的特征描述子。

再次，利用相似度量方法计算连续帧之间目标区域的相似度。将当前帧的目标特征描述子与之前帧的目标特征描述子进行比较，计算相似度得分。

最后，根据相似度得分判断目标区域是否被遮挡。如果相似度得分低于预设阈值，则可以认为目标发生了遮挡。

通过基于图像相似度的判断，可以较准确地判断目标是否发生了遮挡，并采取相应的重新定位策略。当检测到目标被遮挡时，可以通过提取下一帧图像目标区域的SIFT特征，并使用SIFT特征匹配进行重新定位，直至目标不被继续遮挡。

（二）目标重新定位机制

当目标被判断为遮挡时，需要采取重新定位的机制，以恢复对目标的准确跟踪。

1. SIFT特征匹配

对于遮挡导致目标丢失的情况，可以使用SIFT（尺度不变特征变换）算法来提取目标区域的特征描述子，并在后续帧中进行匹配，以重新定位目标的位置。通过匹配目标区域的SIFT特征与图像中的候选区域，可以找到最匹配的位置作为目标的新位置。

（1）目标特征提取

对于当前帧目标区域，使用SIFT算法提取特征描述子。SIFT算法通过检测关键点并在关键点周围提取局部特征，得到描述目标区域外观的特征向量。这些特征向量具有尺度不变性和旋转不变性，可以在不同尺度和旋转变化的情况下保持一致。

（2）特征匹配

对于下一帧图像，同样使用SIFT算法提取候选区域的特征描述子。然后通过特征描述子之间的相似性进行匹配。常用的匹配方法包括最近邻匹配和最佳候选匹配。最近邻匹配将当前帧目标特征描述子与下一帧候选区域的特征描述子进行比较，并选择最相似的特征描述子作为匹配结果。最佳候选匹配则考虑多个候选区域，选择最佳的匹配结果。

（3）确定目标新位置

通过特征匹配，可以找到最匹配的位置作为目标的新位置。根据匹配结果，可以获得目标在下一帧中的位置坐标，并更新跟踪器的状态。这样，在下一帧中，跟踪器将以新位置为基准进行目标跟踪。

（4）重复匹配过程

如果目标仍然被遮挡或丢失，可以继续使用SIFT特征匹配的方法进行下一帧的重新定位。重复进行特征提取、特征匹配和确定新位置的过程，直到找到一个匹配成功的位置或达到设定的重试次数。

采用SIFT特征匹配的方式，可以在目标遮挡导致丢失的情况下重新定位目标的位置。SIFT算法的尺度不变性和旋转不变性能够较好地处理目标的外观变化，而特征匹配可以在连续帧之间找到最相似的位置作为目标的新位置。这样，即使目标在一段时间内被完全遮挡，也有一定的机会重新找到目标并继续跟踪。然而，需要注意的是，SIFT算法在计算复杂度和匹配速度上可能存在一定的限制。特别是在大规模图像数据或实时应用中，SIFT算法可能会面临性能瓶颈。为了提高算法的效率，可以考虑使用加速方法，如快速近似最近邻搜索（FLANN）算法或使用GPU并行计算。

另外，SIFT算法也对图像的旋转、缩放和亮度变化具有一定的鲁棒性，但在遮挡等情况下仍可能面临一定的挑战。对于部分遮挡的情况，可能会出现误匹配或匹配失败的情况。因此，为了增强目标重新定位的鲁棒性，可以结合其他特征提取和匹配方法，如SURF（加速稳健特征）算法、ORB（Oriented FAST and Rotated BRIEF）算法或深度学习方法，以提高定位的准确性和鲁棒性。此外，目标重新定位机制中还可以考虑使用滤波器更新方法，例如卡尔曼滤波器或粒子滤波器，以进一步提高目标跟踪的准确性和鲁棒性。这些滤波器可以将当前帧的目标位置估计与测量结果相融合，从而减小跟踪误差并对目标位置进行更准确的预测。

通过特征提取、特征匹配和确定新位置的循环迭代，可以重新定位目标并继续跟踪。然而，在实际应用中，需要综合考虑算法效率、鲁棒性和准确性，并结合其他技术手段以提高目标重新定位的性能。

2. 多帧匹配

在目标被长时间遮挡的情况下，仅使用一帧的SIFT特征匹配可能无法准确找到目标的位置。因此，可以使用多帧的SIFT特征进行多帧匹配的方法。对于目标长时间遮挡的情况，需要对后续多帧图像进行SIFT特征提取和匹配，以搜索目标区域并完成目标的重要检测。具体步骤如下：

（1）提取下一帧图像目标区域的SIFT特征

在目标被遮挡时，获取下一帧图像中目标区域的SIFT特征。SIFT特征具有尺度不变性和旋转不变性，能够提取出目标的关键特征点。

（2）SIFT特征匹配

将前一帧中目标区域的SIFT特征与当前帧中的候选区域的SIFT特征进行匹配。可以使用特征匹配算法（如最近邻匹配、RANSAC算法）来找到最佳匹配的位置。

（3）目标区域搜索

如果目标仍然被遮挡，需要在当前帧中搜索目标区域。可以在候选区域中选择与前一帧匹配成功的位置作为中心，进行目标区域的搜索。搜索可以使用滑动窗口或其他目标检测算法（如基于深度学习的目标检测算法）来实现。

（4）多帧匹配

如果目标持续被遮挡，重复步骤（1）和步骤（2），在连续的多帧中提取SIFT 特征并进行匹配。通过多帧的信息融合，可以提高目标重新定位的准确性。

（5）完成目标的重检测

当目标被少量遮挡，匹配成功时，即可完成目标的重检测。重检测结果可以用于更新目标的位置和模型，以继续进行跟踪。

通过以上目标遮挡的判断和重新定位机制，改进的 KCF 算法能够在目标遮挡情况下实现对目标的重新定位和跟踪，提高了算法的鲁棒性和跟踪精度。同时，结合图像相似度量方法，可以更准确地判断目标是否发生遮挡，从而采取相应的处理策略。

第六章 基于神经网络与异构协同平台的视觉导航方法

第一节 基于多层特征尺度稳定器的视觉里程计

一、多层特征与特征基线

本节将描述神经网络与异构协同平台在视觉导航领域的应用，以及基于多层特征尺度稳定器的视觉里程计的重要性。强调准确的里程计在视觉导航中对于无人系统的定位和路径规划的重要性。

（一）多层特征尺度稳定器的原理

1. 多层特征的概念

在视觉导航中，多层特征是指从图像中提取的具有不同尺度的特征表示。不同尺度的特征能够捕捉到不同级别细节的信息，从而提供更全面的视觉描述。常用的多层特征包括金字塔特征、多尺度卷积特征等。这些特征能够有效地表达图像中的细节和结构。

2. 特征尺度的稳定性与视觉里程计

特征尺度的稳定性在视觉里程计中具有重要意义。由于场景的尺度变化和相机运动，图像中的特征点在不同帧之间可能会发生尺度变化。特征尺度的不稳定会导致视觉里程计的估计误差和漂移。因此，稳定的特征尺度选择对于准确的视觉里程计非常关键。

3. 多层特征尺度稳定器的工作原理

多层特征尺度稳定器通过分析不同尺度的特征层级，选择最具稳定性的特征层级来进行尺度选择。它结合了神经网络的特征提取和特征匹配能力，通过学习得到具有稳定尺度的特征描述子。这种方法可以在不同尺度下保持特征的一致性，并提高视觉里程计的鲁棒性和精度。

4. 结合神经网络的特征提取和特征匹配

多层特征尺度稳定器利用神经网络进行特征提取和特征匹配。神经网络能够学习到图像的高级特征表示，具有良好的表达能力和尺度不变性。以下是多层特征尺度稳定器的工作流程：

（1）特征提取

使用预训练的神经网络模型对输入图像进行特征提取。常用的神经网络模型包括卷积神经网络（CNN）和残差神经网络（ResNet）。这些网络模型能够提取图像的高级语义特征，并在不同尺度下保持特征的稳定性。

（2）特征匹配

对于提取的特征描述子，使用特征匹配算法进行相邻帧之间的特征匹配。最常用的特征匹配算法是基于描述子的最近邻匹配。通过计算描述子之间的距离或相似度，将当前帧的特征与上一帧的特征进行匹配，得到特征点之间的对应关系。

（3）尺度选择

在特征匹配的基础上，通过分析匹配特征点的尺度信息，确定当前帧相对于上一帧的尺度变化。多层特征尺度稳定器根据特征匹配结果，选择具有最稳定尺度的特征层级作为参考尺度。稳定尺度的选择可以通过计算特征点的尺度变化率或特征层级的一致性来实现。

（4）尺度更新

基于选择的参考尺度，对当前帧的特征进行尺度更新。根据参考尺度和尺度变化率，对当前帧的特征点进行尺度变换，使其与参考尺度保持一致。这样可以在不同尺度下保持特征的一致性，并减小视觉里程计的尺度误差。

5. 多层特征尺度稳定器的尺度选择

多层特征尺度稳定器通过选择最具稳定性的特征层级来进行尺度选择。稳定性的度量可以使用特征描述子的尺度方差或尺度一致性等指标来衡量。通过分析不同层级的特征尺度稳定性，可以选择具有最小尺度变化的特征层级作为最稳定的尺度。

在多层特征尺度稳定器中，可以使用不同尺度的特征层级来估计相机运动和场景深度。通过比较不同层级的视觉里程计估计结果，可以选择最稳定的估计结果作为最终的视觉里程计。

（二）特征基线的定义与选择

1.特征基线的定义

特征基线指的是相邻帧之间的基线长度，即相机在空间中的位移距离。它是计算相机运动的关键参数，对于确保视觉里程计的准确性至关重要。

2.特征基线与视觉里程计的关系

特征基线的准确估计可以提供相机运动的尺度信息，从而减小里程计的尺度漂移和估计误差。准确的特征基线可以提高视觉里程计的精度和鲁棒性，使无人系统能够更准确地定位和导航。

3.特征基线的计算方法

（1）相机内参的估计

相机内参包括焦距、主点位置等参数，可以通过相机标定或在线估计方法得到。这些参数对于计算特征基线至关重要，需要在视觉里程计中进行精确的估计。

（2）相机外参的估计

相机外参包括相机的旋转矩阵和平移向量，用于描述相机在世界坐标系中的位置和姿态。相机外参可以通过传感器融合、视觉 SLAM 等方法进行估计，从而计算特征基线。

（3）特征匹配与特征基线

特征匹配是指通过比较相邻帧中提取的特征点的描述子来确定它们之间的对应关系。一旦完成了特征匹配，就可以计算特征基线。特征基线的计算涉及已知的相机内参、特征点的像素坐标以及相机外参。

特征匹配。特征匹配是视觉里程计中的关键步骤。在多层特征尺度稳定器中，通过神经网络进行特征提取和特征匹配，得到相邻帧中的匹配特征点对。特征匹配的质量直接影响特征基线的计算结果。

特征基线的计算。特征基线的计算需要使用相机的内参和特征点的像素坐标。首先，通过相机内参将特征点的像素坐标转换为相机坐标系下的坐标。其次，利用相机的外参将特征点的相机坐标转换为世界坐标系下的坐标。最后，计算两个特征点在世界坐标系下的空间距离，得到特征基线的长度。

特征基线的选择。在多层特征尺度稳定器中选择适当的特征基线对于确保视觉里程计的准确度尤为重要。选择合适的特征基线需要考虑以下因素：第一，特征点的分布。特征基线应该选择具有较好分布的特征点，以覆盖场景中的不同区域，并提供更全面的视觉信息。第二，特征点的质量。特征基线应选择那些经过可靠匹配且具有较高质量的特征点对，以减小估计误差。第三，视觉里程计的要求。根据具体的视觉里程计任务和应用场景的要求，选择适当的特征基线来满足定位的精度和鲁棒性的需求。

选择合适的特征基线，可以提高视觉里程计的精度和鲁棒性，减小尺度漂移和估计误差的影响，从而提高无人系统的定位和导航性能。

二、特征尺度求解

（一）特征尺度的概念与层级

1.特征尺度的定义

特征尺度是指在图像中提取的特征点对应的尺度大小。在计算机视觉中，特征点是指在图像中具有显著性、稳定性和可重复性的位置。这些特征点可以通过各种特征检测算法（如 SIFT、SURF、ORB 等）来提取，每个特征点都有一个对应的尺度信息。

特征尺度可以反映图像中物体的大小或距离。较大的特征尺度对应较大的物体或较远的距离，而较小的特征尺度对应较小的物体或较近的距离。特征尺度的大小可以用特征点周围的局部图像区域的大小来表示，通常使用尺度参数（如高斯尺度）来表示。

在视觉导航中，特征尺度是一种重要的视觉信息，可以用于估计相机的运动、构建环境地图和进行目标检测。准确的特征尺度对于这些任务的准确性和鲁棒性至关重要。

2.特征层级的划分

特征层级是将特征点按照尺度大小划分到不同的层级。不同层级的特征点具有不同的尺度范围，可以提供更多尺度的视觉信息，增强视觉导航的鲁棒性和适应性。

一种常见的特征层级划分方法是使用尺度空间金字塔。尺度空间金字塔是通过对原始图像进行多次高斯模糊或拉普拉斯算子操作来构建的，每个层级对应不同的图像尺度。在每个层级上，通过特征检测算法提取特征点，并与其他层级的特征点进行比较和匹配。通过这种方式，可以获取不同尺度下的特征信息，从而提供更全面和多样化的视觉描述。

特征层级的划分可以根据具体的应用需求和场景进行选择。通常情况下，较大的特征尺度可以用于检测远距离的场景或大型物体，而较小的特征尺度则适用于检测近距离的场景或小型物体。通过在不同层级上提取特征点并进行特征匹配，可以获得更全局和细节丰富的视觉信息，从而提高视觉导航的效果。

（二）特征尺度的求解方法

1.传统方法

介绍传统的特征尺度求解方法，如尺度空间极值检测、多尺度特征描述子等。下面来说明这些方法的原理和局限性。

（1）传统特征尺度求解方法

尺度空间极值检测。该方法基于高斯金字塔理论，在不同尺度下通过对图像进行高斯模糊操作，检测局部极值点并将其作为特征点，即通过在不同尺度下检测图像的极值点来确定特征点的尺度。该方法的优点是简单直观，并且可以提供多尺度的特征信息。其局限性是对尺度变化不敏感，可能无法适应复杂的场景。

多尺度特征描述子。多尺度特征描述子的方法有 SIFT（尺度不变特征变换）和 SURF（加速稳健特征）等。这些方法是通过构建特征金字塔来提取多尺度的特征描述子。其优点是具有尺度不变性和旋转不变性，并且适用于大尺度和小尺度的特征点。其局限性是计算复杂度高，对尺度变化较大的场景可能不够鲁棒。

（2）传统方法的局限性

对尺度变化不敏感。由于传统方法主要是基于固定尺度下的特征提取和描述子匹配，对于大尺度变化的场景可能无法准确地匹配特征点，导致尺度估计得不准确。

计算复杂度高。传统方法需要构建尺度空间金字塔或特征金字塔，并进行特征点的检测和匹配，这些操作需要大量的计算资源和时间，同时可能限制了实时性和实际应用的可行性。

对复杂场景的适应性有限。复杂场景中可能存在多尺度的物体、遮挡、光照变化等因素，传统方法可能无法准确提取和匹配特征点，导致特征尺度的估计不准确。特别是在存在大尺度变化、视角变化或快速运动的情况下，传统方法的表现可能进一步受限。

2.基于神经网络的特征尺度求解

这种方法通过训练深度神经网络，可以实现端到端的特征尺度估计。

（1）神经网络在特征尺度求解中的作用

神经网络可以通过端到端的训练，学习特征的尺度信息，并能够处理复杂的场景和尺度变化。其优势是对尺度变化敏感、对复杂场景的适应性强和计算效率有所提升。

（2）神经网络与传统方法的融合

在神经网络中引入传统的特征提取和描述子匹配方法，并通过训练和优化，可以提高特征尺度求解的准确性和鲁棒性。在选择特征层级时，结合神经网络和传统方法的结果进行综合考虑，可以获得更可靠的特征尺度估计。

3.异构协同平台的应用

利用异构协同平台可以加速特征尺度求解。例如，利用 GPU、FPGA 等计算资源的并行计算能力，可以加快特征尺度求解的速度，实现实时的视觉导航。

（1）异构协同平台在特征尺度求解中的应用

异构协同平台如 GPU、FPGA 等计算资源有并行计算能力，能够加速特征尺度求解的过程。

（2）异构协同平台的优化与集成

算法与架构的优化。优化特征提取、特征描述子计算和匹配等关键步骤，可以减少计算复杂度和提高并行性。针对异构协同平台的特点进行算法和架构的优化，能实现更高的特征尺度求解速度和效率。

异构协同平台的集成。将异构协同平台与神经网络模型和特征尺度求解算法相结合，可以加速神经网络的训练和推理过程，提高特征尺度求解的准确性和实时性。

系统性能与可扩展性考虑。评估异构协同平台在特征尺度求解中的性能指标包括速度、功耗和精度等。为了应对更大规模的数据集和复杂的视觉导航场景，并保持高效的特征尺度求解，应考虑异构协同平台的扩展性。

三、基于孪生网络的自监督特征提取

基于孪生网络的自监督特征提取是一种用于视觉导航的方法，它通过训练一个孪生网络来学习图像的特征表示。这种方法不需要人工标注的标签，而是利用图像自身的信息进行自我监督学习，从而获取具有丰富语义信息的特征表示。

（一）原理

基于孪生网络的自监督特征提取方法的原理是通过孪生网络学习图像的相似

性。孪生网络由两个相同结构的子网络组成，它们共享参数，并且被设计成可以接收两个输入图像。这两个输入图像既可以是来自同一场景的两个不同视角的图像，也可以是来自不同场景但具有相似语义内容的图像对。

在孪生网络中，两个子网络的目标是使它们对应的输入图像经过特征提取和编码后在特征空间中相互靠近。为了实现这一目标，可以使用以下自监督学习方法：

1. 图像对比损失

将输入图像对经过子网络得到的特征进行欧氏距离或余弦相似度计算，并定义一个对比损失函数，使得同一场景或具有相似语义内容的图像对的特征在特征空间中更加接近，不同场景或不相似内容的图像对的特征在特征空间中远离。

2. 数据增强

为了增强训练数据的多样性和鲁棒性，可以对输入图像对进行数据增强操作，如随机裁剪、旋转、颜色变换等。

（二）步骤

基于孪生网络的自监督特征提取方法的实现步骤如下：

1. 数据收集

收集大量的图像数据，既可以是来自视觉导航任务中的真实场景图像，也可以是从公开数据集或在线图像库中获取的数据。

2. 孪生网络设计

设计一个适合视觉导航任务的孪生网络结构。常见的结构包括基于卷积神经网络（CNN）的编码器网络，其中子网络共享参数。

3. 特征提取训练

使用数据增强技术对图像对进行处理，得到输入图像对。将这些图像对输入孪生网络中，经过子网络进行特征提取和编码，得到图像对对应的特征表示。

4. 反向传播与参数更新

通过反向传播算法，将对比损失反向传播到孪生网络的参数，更新网络参数以最小化损失函数。这个过程使用梯度下降或其他优化算法进行参数更新。

5. 特征提取与表示学习

经过多轮训练后，孪生网络的参数逐渐优化，使得网络能够提取具有语义信息的特征表示。这些特征表示可以用于视觉导航任务中的定位、目标检测、地图构建等。

（三）优化策略

为了提高基于孪生网络的自监督特征提取方法的效率和准确性，可以考虑以下优化策略：

并行计算。利用硬件加速和并行计算技术，如 GPU、多线程等，加快特征提取和训练过程的计算速度。

减少冗余计算。通过合理的网络设计和数据处理策略，减少冗余计算，提高特征提取的效率。

优化算法参数。针对具体任务和数据集，调整优化算法的参数，如学习率、正则化项等，以获得更好的特征表示和收敛性能。

增加数据多样性。增加数据多样性可以提升特征表示的泛化能力和鲁棒性。可以通过引入更多场景、视角、光照条件等多样的数据来丰富训练集。

预训练与微调。可以使用大规模数据集预训练孪生网络，然后在特定任务上微调网络参数，以加速训练和提高准确性。

综上所述，基于孪生网络的自监督特征提取方法通过训练网络来学习图像的特征表示，不需要人工标注的标签。优化策略包括并行计算、减少冗余计算、优化算法参数、增加数据多样性以及预训练与微调。这些策略可以提高尺度更新器的效率和准确性，在视觉导航任务中获得更好的性能。

第二节　基于多层特征尺度稳定器的目标跟踪框架

基于多层特征尺度稳定器的目标跟踪框架结合了不同层次的特征信息，包括 Level 1 中的目标和尺寸信息、Level 2 中的特征区域约束以及 Level 3 中的特征点匹配和尺度约束。通过综合利用这些特征信息，该框架能够实现对目标的稳定跟踪并减小尺度漂移的影响。

一、Level 1：目标和尺寸信息

在基于多层特征尺度稳定器的目标跟踪框架中的 Level 1 阶段，目标和尺寸信息被用作关键特征。这些信息通过目标检测算法获取，通常采用深度学习模型进行实时目标检测。

具体而言，Level 1 中的目标和尺寸信息包括以下内容：

（一）目标检测

基于深度学习模型，例如卷积神经网络（Convolutional Neural Network, CNN），对图像进行目标检测。

目标检测算法通过学习大量标注的训练数据，能够识别图像中的目标物体，并给出它们的位置和边界框信息。

（二）位置和尺寸信息

位置信息是用来确定目标在图像中的位置的关键指标。它通常表示目标的中心坐标，可以使用像素坐标或归一化坐标来表示。像素坐标直接给出目标在图像中的位置，而归一化坐标则是将位置信息归一化到图像尺寸范围内的值，使得不同大小的图像可以具有一致的表示。常见的归一化坐标范围是 [0，1]，其中（0，0）表示图像的左上角，（1，1）表示图像的右下角。

尺寸信息用于描述目标的大小或边界框的尺寸。通常，目标的尺寸可以通过边界框的宽度和高度来表示。边界框是一个矩形框，将目标完全包围，并且通过宽度和高度指定了框的尺寸。此外，还可以使用其他与目标大小相关的度量来表示尺寸信息，例如目标的直径、面积或体积等。

在目标跟踪框架中，位置信息和尺寸信息的提取通常通过目标检测算法完成。目标检测算法基于深度学习模型，例如基于卷积神经网络（CNN）的目标检测模型，可以识别图像中的目标并提供它们的位置和边界框信息。这些信息可以直接用于目标跟踪的初始化，或者在跟踪过程中进行更新和调整。

位置信息和尺寸信息的准确性对于目标跟踪的成功至关重要。因此，在提取这些信息时需要注意以下几个方面：

1. 目标检测算法的准确性

选择准确性较高的目标检测算法，并在训练阶段使用大量的标注数据进行模型训练，以提高目标检测的准确性和泛化能力。

2. 背景干扰的处理

在提取位置信息和尺寸信息时，需要排除背景干扰，确保目标区域的正确定位和尺寸测量。这可以通过背景建模、前景分割等技术来实现。

3. 多目标处理

如果存在多个目标，需要通过目标识别和分割技术来进行多目标处理，可以使用目标分割算法将图像中的每个目标分割成单独的区域，并对每个目标提取位置和尺寸信息。

4. 尺寸归一化

为了使不同尺寸的目标能够进行有效比较和跟踪，通常需要对目标的尺寸进行归一化处理。可以将目标的尺寸除以图像的尺寸，得到归一化的尺寸信息，使得不同大小的目标都具有相对一致的表示。

5. 位置和尺寸信息的更新

在目标跟踪过程中，目标的位置和尺寸可能会发生变化。因此，需要及时更新位置和尺寸信息以确保跟踪的准确性。可以通过周期性重新检测目标来更新其位置和尺寸信息，或者使用基于运动模型的预测方法进行位置和尺寸的估计。

在基于多层特征尺度稳定器的目标跟踪框架中，Level 1 中的位置和尺寸信息为跟踪算法提供了初始的目标状态估计。这些信息可以结合其他层级的特征信息和传感器数据进行综合分析和更新，从而实现准确和稳定的目标跟踪。在跟踪过程中，还可以根据具体的应用需求对位置和尺寸信息做进一步的处理和优化，以提高跟踪的性能和鲁棒性。

总结而言，Level 1 中的位置和尺寸信息是基于多层特征尺度稳定器的目标跟踪框架的重要组成部分。准确提取目标的位置和尺寸信息，可以为目标跟踪提供可靠的初始状态估计，从而实现精确和稳定的目标跟踪效果。

（三）特征表示

特征表示是将目标的位置和尺寸信息转化为机器学习算法或神经网络可以处理的数值形式的过程。通过合适的特征表示形式，可以提取出目标的关键特征，进而实现对目标的准确跟踪。

1. 位置信息的特征表示

目标的位置信息通常用坐标表示。为了与不同尺寸的图像保持一致，可以将位置信息编码为相对于图像大小的归一化坐标。一种常用的表示方式是使用目标的中心坐标，即将图像的宽度和高度分别除以 2，并将目标的坐标除以相应的值。这样可以将目标的位置信息转化为介于 0~1 的归一化坐标，使其在不同尺寸的图像上具有一致性。

2. 尺寸信息的特征表示

目标的尺寸信息可以编码为与图像大小的比例或其他与目标尺寸相关的度量。一种常用的表示方式是将目标的宽度和高度分别除以图像的宽度和高度，得到尺寸信息的归一化比例。这样可以将目标的尺寸信息转化为介于 0~1 的值，表示目标相对于图像大小的比例关系。

3. 综合特征表示

在基于多层特征尺度稳定器的目标跟踪框架中，Level 1 的特征表示包括位置和尺寸信息的编码。这些信息可以用向量的形式表示，其中向量的每个维度对应一种特征表示。例如，一个典型的特征向量的维度可以包含归一化的位置坐标和尺寸比例。这样的特征向量可以作为输入提供给后续的跟踪算法，用于初始化目标的状态估计并进行跟踪。

4. 特征表示的更新

在跟踪过程中，目标的位置和尺寸可能会发生变化。因此，需要及时更新特征表示以适应目标的变化。可以周期性地重新提取目标的位置和尺寸信息，并更新特征表示。这可以通过结合目标检测算法和运动模型来实现。目标检测算法可以定期重新检测目标并提取新的位置和尺寸信息，而运动模型可以根据目标的历史运动信息对目标进行预测和估计。

总结而言，Level 1 中的特征表示利用目标的位置和尺寸信息，将其转化为适合后续处理的数值形式。这种特征表示为目标跟踪提供了初始估计，并通过更新和调整来适应目标的变化。准确获取和处理 Level 1 的特征表示，可以实现准确且稳定的目标跟踪。

二、Level 2：特征区域约束

基于多层特征尺度稳定器的目标跟踪框架中的 Level 2 阶段是特征区域约束的关键部分。特征区域的作用是限制特征基线的搜索范围，以提高特征匹配的准确性和效率。

（一）特征区域的定义

在 Level 2 中，特征区域是指在当前图像帧中围绕目标位置的一个矩形区域。该区域的大小和形状通常与目标的尺寸和形态相关。特征区域的定义可以根据具体的目标跟踪任务进行调整，以适应不同目标的形变和运动模式。

1. 特征区域的位置

特征区域的位置通常与目标的位置密切相关。在 Level 1 中获得的目标位置信息可以作为特征区域的中心点，从而确保特征区域围绕目标位置进行定义。中心点可以使用目标的中心坐标或其他表示目标位置的形式，例如归一化坐标。

2. 特征区域的大小

特征区域的大小需要考虑目标的尺寸和形态。一般而言，特征区域应足够大，以包含目标的关键信息，也应足够小，以限制特征基线的搜索范围，避免过多的计算开销。特征区域的大小可以根据目标的尺寸和形态进行自适应调整，例如根据目标的边界框宽度和高度进行定义，或者通过与图像大小的比例进行定义。

3. 特征区域的形状

特征区域的形状可以根据目标的形态进行调整。例如，对于长条形目标，特征区域可以是一个矩形框，与目标的长边对齐；对于圆形目标，特征区域可以是一个圆形区域。通过调整特征区域的形状，可以更好地适应不同目标的形态变化。

4. 特征区域的固定性

特征区域可以选择固定不变或动态调整。在某些情况下，特征区域可以固定不变，即在跟踪过程中保持相同的位置、大小和形状。这适用于目标形态变化较小或稳定的情况。然而，对于目标形态变化较大或运动较剧烈的情况，特征区域可能需要动态调整，以确保它始终覆盖目标的关键信息。

通过合理定义特征区域并制定相应的更新策略，可以充分利用 Level 2 中的特征区域约束，限制特征基线的搜索范围，提高特征匹配的准确性和效率。特征区域的定义和更新策略应根据具体的目标跟踪任务和场景特点进行调整，以实现对目标的稳定跟踪和适应性跟踪。

（二）约束范围的确定

在 Level 2 中，特征区域约束的关键是确定特征基线的约束范围，即搜索窗口。

1. 目标位置和尺寸信息

通过 Level 1 中的目标和尺寸信息，确定目标在当前图像帧中的位置和尺寸。这些信息可以作为约束范围的初始估计。例如，可以根据目标的中心坐标和边界框大小确定一个初始的搜索窗口。

2. 搜索窗口的大小和形状

搜索窗口的大小和形状可以根据目标的尺寸和形态特征进行调整。一种常见的方法是根据目标边界框的尺寸确定搜索窗口的大小，使得搜索窗口能够容纳目标的位置变化。搜索窗口可以是固定大小的矩形，也可以根据目标的尺寸动态调整。

3. 目标运动模式和速度信息

目标的运动模式和速度信息对约束范围的确定也具有重要影响。如果目标以较快的速度运动，搜索窗口的范围可以适当扩大，以容纳目标在下一帧中的位置变化。如果目标存在较大的旋转或形变，可以根据目标的姿态信息调整搜索窗口的形状，以适应目标的变化。

4.约束范围的动态调整

在跟踪过程中，约束范围可以根据目标的运动和变化进行动态调整。可以根据预测模型、运动估计或目标检测结果来更新搜索窗口的位置、大小和形状。这样可以保持对目标的准确跟踪，并适应目标发生尺寸、形态和位置变化的情况。

合理确定约束范围，可以将特征基线的搜索范围限制在特征区域内，避免在整个图像中进行特征点的搜索，从而提高特征匹配的准确性和效率。约束范围的确定应考虑目标的位置、尺寸、形态、运动模式和速度信息，并根据实际情况进行动态调整，以实现稳定且高效的目标跟踪。

（三）特征匹配和筛选

特征匹配和筛选是在特征区域约束下进行的重要步骤，它们对于目标跟踪框架的准确性和鲁棒性起关键作用。

1.特征匹配算法

特征匹配是通过计算特征点之间的相似度或视差来寻找具有一致性的特征点对。常用的特征匹配算法包括基于特征描述子的方法和基于光流的方法。

（1）基于特征描述子的方法

这类算法使用特征描述子来表示特征点的局部特征。其中，SIFT 和 SURF 是常用的基于特征描述子的算法。它们通过提取特征点周围的局部图像特征，并生成特征描述子，用于度量特征点之间的相似度。通过计算描述子之间的距离或相似性，可以找到具有一致性的特征点对。

（2）基于光流的方法

这类算法利用图像中像素点在连续帧之间的运动信息进行匹配。Lucas-Kanade 光流算法是常见的基于光流的方法之一。它通过估计像素点的运动矢量来计算特征点之间的视差，并进行特征点匹配。

2.筛选策略

特征匹配过程中存在一定的误匹配和离群点，需要利用筛选策略来提高特征匹配的准确性。

RANSAC 算法：RANSAC 是一种常用的筛选算法，用于剔除错误匹配和离群点。它通过随机抽样和模型拟合的方式，选取一组假设内点，并计算拟合模型与其他点的拟合误差。通过迭代过程，可以筛选出具有一致性的特征点对，用于特征基线的估计。

（1）一致性约束

一致性约束可以通过特征点的运动方向和速度等信息来限制特征点的运动范围。例如，可以根据前一帧的运动信息，将当前帧的特征点的搜索范围限制在合理的运动范围内。这样可以排除由于运动模糊或其他因素导致的错误匹配。

（2）并行计算和优化

在特征匹配和筛选过程中，可以利用异构协同平台的计算能力进行并行计算，以加快算法的运行速度。

并行计算可以将特征匹配的计算任务分配给多个计算节点，同时利用GPU等加速器进行并行计算。这样可以大大缩短特征匹配的计算时间，提高跟踪框架的实时性。

除了并行计算，还可以通过优化算法参数来提高特征匹配和筛选的效果。例如，可以调整特征描述子的维度和特征点的提取方法，以获得更具判别性和鲁棒性的特征。此外，可以使用自适应的阈值策略来动态调整特征匹配的阈值，以适应不同场景和目标的变化。

采用合适的特征匹配算法和筛选策略，可以提高特征匹配的准确性和鲁棒性。利用异构协同平台的计算能力进行并行计算和优化算法参数，可以进一步提高跟踪框架的效率和准确性。综合应用这些方法和策略，可以实现更稳定、准确且实时的目标跟踪。

三、Level 3：特征点匹配和尺度约束

在基于多层特征尺度稳定器的目标跟踪框架中的 Level 3 中，特征点起着重要作用，用于求解初始相机位姿和提供尺度约束。

（一）特征点的提取和匹配

在基于多层特征尺度稳定器的目标跟踪框架中的 Level 3 中，特征点的提取和匹配是关键步骤，用于获得初始相机位姿估计和提供尺度约束。

1. 特征点提取

特征点是图像中具有显著特征的点，具有一定的局部稳定性和可区分性，可以用于图像匹配和跟踪。常用的特征点提取算法包括 Harris 角点检测、SIFT（尺度不变特征变换）和 SURF（加速稳健特征）等。

Harris 角点检测算法通过计算图像中像素灰度值的变化来检测具有角点特征的像素点。该算法对图像中的角点具有较好的响应，适用于静态场景的特征提取。

SIFT 算法通过在不同尺度空间中搜索极值点，并通过主方向和描述子生成稳定的特征点。它对于图像尺度、旋转和光照的变化具有较好的不变性，适用于在海量的特征数据库中进行快速准确的目标跟踪。

SURF 算法是一种快速的特征点提取算法，它通过加速图像的积分图像计算和特征描述子的构建来提高计算效率。SURF 对图像的尺度、旋转和仿射变换具有较好的不变性。

根据具体的应用需求和计算资源限制，可以选择合适的特征点提取算法。

2. 特征点匹配

特征点匹配是将当前帧中的特征点与参考帧中的特征点建立对应关系。匹配的目标是寻找具有相似特征描述子的特征点对，以获得它们之间的准确匹配关系。

基于特征描述子的匹配方法是常见的特征点匹配策略。它通过计算特征点的描述子之间的相似性度量来判断匹配程度。常用的相似性度量方法包括欧氏距离、汉明距离和余弦相似度等。

特征点匹配过程中存在一定的误匹配和离群点问题，需要采用一些筛选策略进行优化。例如，可以使用 RANSAC（随机抽样一部分一致）算法来剔除错误匹配和离群点，从而获得更可靠的匹配结果。

RANSAC 算法通过随机选择一组特征点对进行模型拟合，并根据内点数量来评估模型的可靠性。内点是与模型一致的匹配对，而外点则是与模型不一致的匹配对。通过迭代选择模型和更新内点集合，RANSAC 算法最终可以找到最优的模型和对应的内点集合。

在特征点匹配过程中，还可以考虑使用优化方法，如光流法。光流法通过观察图像中像素点在连续帧之间的移动，利用像素间的亮度变化信息来估计运动向量，进而进行特征点匹配。光流法可以在连续帧之间进行像素级别的匹配，对于快速移动的目标具有较好的鲁棒性。

（二）初始相机位姿估计

初始相机位姿指的是当前帧与参考帧之间的相对位姿，它提供了目标跟踪的初始状态，为后续的位姿估计和目标跟踪奠定了基础。

为了估计初始相机位姿，可以使用视觉里程计算法。视觉里程计算法旨在通过跟踪特征点的移动轨迹和匹配特征点的对应关系，估计相机在连续帧之间的相对位姿变化。

常用的视觉里程计算法包括基于特征点的方法和基于直接法的方法。

1. 基于特征点的方法

首先，在当前帧和参考帧中提取特征点，如使用 Harris 角点检测、SIFT 或 SURF 等算法。其次，通过特征点匹配算法，建立当前帧和参考帧之间的对应关系。常用的特征点匹配算法包括基于特征描述子的相似性度量或基于光流的方法。匹配得到的特征点对可以用于计算相机位姿的变化，例如使用基于 RANSAC 的位姿估计算法。最后，根据特征点的运动信息，估计出当前帧与参考帧之间的相对位姿变化。

2. 基于直接法的方法

基于直接法的方法不依赖特征点的提取和匹配，而是直接比较图像间的亮度差异来估计相机位姿的变化。这些方法通过最小化图像间的亮度误差来优化对相机位姿的估计。其中，常用的方法包括基于光度误差的直接法和基于光度一致性的直接法。这些方法可以通过迭代优化的方式，逐步优化相机位姿的估计结果。

在初始相机位姿估计的过程中，需要考虑特征点匹配的准确性和鲁棒性。选择合适的特征点提取算法、匹配算法以及优化方法，可以提高特征点匹配的精度和稳定性，从而得到更准确的初始相机位姿估计结果。

初始相机位姿的估计是基于多层特征尺度稳定器的目标跟踪框架中的重要一步。通过合适的特征点提取和匹配算法，以及准确的运动估计方法，可以得到准确且稳定的初始相机位姿估计，为后续的目标跟踪奠定基础。

（三）尺度约束

尺度漂移会导致目标的位置和尺寸估计不准确，进而影响跟踪的精度和鲁棒性。因此，引入尺度约束来纠正位姿的尺度是非常重要的。

在基于多层特征尺度稳定器的目标跟踪框架中，Level 3 的特征点的移动轨迹和特征基线的变化被用来提供尺度约束。下面是两种常见的尺度约束方法：

基于特征点移动轨迹的尺度约束：特征点在连续帧之间的移动轨迹可以提供关于相机和目标之间尺度变化的线索。通过跟踪特征点的移动轨迹，可以估计相机的尺度变化，并将其应用于对位姿的校正。一种常见的方法是通过比较当前帧中特征点的平均移动距离与参考帧中的特征点平均移动距离的比例来计算尺度变化因子。然后，将尺度变化因子应用于对位姿的估计，以纠正位姿的尺度。

基于特征基线的尺度约束：特征基线是指两个特征点之间的距离。在目标跟踪过程中，通过跟踪特征点的匹配关系，可以计算特征基线随时间的变化。由于特征基线与目标的实际尺度成正比，可以将特征基线的变化应用于对位姿的尺度校正。一种常见的方法是通过计算当前帧中特征基线与参考帧中特征基线的比例来估计尺度变化因子，然后将其应用于对位姿的估计。

利用特征点的移动轨迹和特征基线的变化，可以减小位姿的尺度漂移，提高跟踪的准确性和鲁棒性。这为视觉导航任务的实时性和可靠性提供了重要的支持。

第三节　地空协同异构视觉导航方法

该视觉导航方法是基于神经网络与异构协同平台的地空协同异构视觉导航方法。该方法采用了商用级机器人，使得整个平台可以方便地被其他相关领域的研究者重构和应用。该平台由两个主要组件组成：小型旋翼无人机 AR.Drone2.0 和地面机器人 Turtlebot2。这个平台的设计旨在提供一个实验环境，以测试和验证各种算法，例如目标跟踪、视觉 SLAM 和运动规划等。

一、地空协同视觉导航框架设计

地空协同视觉导航方法的设计基于神经网络与异构协同平台，旨在完成有效的地空协同导航任务。该方法的视觉导航框架如图 6-1 所示，主要包括算法验证层、协同导航平台和关键支持技术三个层次。

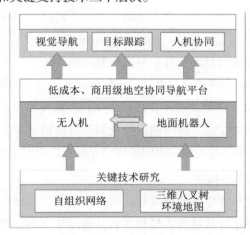

图6-1　地空异构机器人协同导航框架

（一）算法验证层

在基于神经网络与异构协同平台的视觉导航方法中，算法验证层起关键作用，它包含一系列基于视觉辅助的智能算法，用于实现地空协同异构视觉导航的关键功能。这些算法的目标是提供准确、稳定和智能的导航能力，使地面机器人能够在不同环境和任务要求下自主导航。

1. 视觉 SLAM 解决方案

视觉 SLAM（Simultaneous Localization and Mapping）是一种将机器人的自主定位与环境地图构建相结合的技术。在地空协同异构视觉导航中，视觉 SLAM 解决方案利用地面机器人携带的视觉传感器（如摄像头）获取环境的图像数据，并通过定位算法和建图算法实现机器人在未知环境中的自主定位和地图构建。这样，地面机器人能够通过对环境的感知来做出导航决策，同时实现对自身位置的准确估计和地图的实时更新。

2. 目标跟踪

目标跟踪是指地面机器人通过视觉传感器和目标检测算法实现对感兴趣目标的实时跟踪。通过从连续的图像序列中检测和识别目标，并跟踪其位置和运动信息，机器人能够实时更新目标的状态，并进行相应的导航调整。目标跟踪算法可以基于特征匹配、运动估计、深度学习等技术，使机器人能够在动态环境中准确追踪目标，提高导航的精度和鲁棒性。

3. 人机交互算法

人机交互算法使地面机器人能够与人类用户进行交流和互动，实现智能导航。通过语音指令、手势识别、自然语言处理等技术，机器人能够理解用户的导航需求并提供相应的导航反馈。例如，用户可以通过语音命令告知机器人目标位置，机器人则根据导航算法规划路径并引导用户到达目标地点。人机交互算法的应用使得导航过程更加便捷和智能化，提升了用户体验和机器人的导航效果。

通过集成视觉 SLAM 解决方案、目标跟踪、人机交互和其他关键算法，地面机器人能够实现准确的定位、高效的路径规划和智能的导航决策，从而适应不同环境和任务的导航需求。这为地空协同的视觉导航系统提供了强大的技术支持。

（二）协同导航平台构建

该层集成了多种视觉传感器载荷和底层 PID 控制器等硬件组件，为实现视觉导航的相关研究提供了异构机器人硬件平台。通过集成不同类型的传感器，如摄像头、深度传感器和惯性测量单元（IMU），机器人能够获取多模态的感知数据，实现对环境的多角度感知和导航控制。

1. 多种视觉传感器载荷

协同导航平台集成了多种视觉传感器载荷，包括摄像头、深度传感器和惯性测量单元（IMU）等。摄像头可以提供高分辨率的图像数据，用于完成目标检测、视觉 SLAM 和目标跟踪等任务。深度传感器可以提供场景的三维信息，帮助机器人感知环境的几何结构和障碍物的距离。IMU 可以测量机器人的加速度和角速度，提供姿态和运动信息。这些传感器的综合使用能够实现对环境的多角度感知，为导航和决策提供更全面和准确的信息。

2. 底层 PID 控制器

协同导航平台还包含底层 PID（Proportional-Integral-Derivative）控制器，它用于实现机器人的基本运动控制。PID 控制器通过计算当前状态与目标状态之间的误差，根据比例、积分和微分的原理，生成控制指令来调整机器人的运动。底层 PID 控制器在导航过程中起关键作用，能够实现机器人的精确控制和稳定运动，确保机器人按照预期的轨迹和速度进行导航。

3. 异构机器人硬件平台

协同导航平台提供了一个强大而灵活的异构机器人硬件平台。这意味着平台可以支持不同类型、不同规模的地面机器人和空中机器人进行协同导航研究。地面机器人可以具备运动灵活性和稳定性，适用于室内环境和复杂地形的导航。空中机器人可以实现快速飞行和三维探测，适用于大范围的空间导航。将地面机器人和空中机器人的导航能力相结合，协同导航平台能够实现地空协同的异构视觉导航。地面机器人和空中机器人协同工作，可以充分利用各自的优势，完成更高效、灵活和全面的导航任务。

4. 数据融合与协同处理

协同导航平台通过数据融合与协同处理技术，将来自不同传感器和机器人的数据进行集成和处理。数据融合可以提高感知的准确性和鲁棒性，将多模态的感知信息进行融合，得到更全面、一致的环境认知。协同处理指的是地面机器人和空中机器人之间的信息交互与协同决策，通过共享环境地图、运动状态和任务信息，实现导航路径规划和决策的优化。

5. 网络通信与协同控制

协同导航平台通过网络通信与协同控制技术，实现地面机器人和空中机器人之间的实时通信和协同工作。机器人之间可以通过无线网络传输感知数据、地图信息、控制指令等，实现实时的信息交换和共享。协同控制可以确保地面机器人和空中机器人之间的运动协调和同步，使得导航过程更加平稳和高效。

6. 神经网络算法

在协同导航平台中，神经网络算法发挥了重要作用。通过深度学习和神经网络技术，可以实现对图像、语音和运动数据的高级处理和分析。神经网络算法可以用于目标检测和识别、图像分割和理解、运动预测和路径规划等任务，提高导航系统的智能化和自主性。

通过集成多种视觉传感器载荷和底层 PID 控制器等硬件组件，协同导航平台提供了一个强大而灵活的实验环境。通过数据融合与协同处理、网络通信与协同控制以及神经网络算法的应用，协同导航平台能够实现地空协同的异构视觉导航，为导航系统的研究和开发提供全面支持和技术保障。

（三）关键技术支撑

该层包括两个关键技术，能为地空协同视觉导航提供支持：

1. 自组织通信链路

利用 ROS（机器人操作系统）的主体模式特点，为地空机器人建立一套可伸缩的自组织通信链路。通过有效的通信机制，地空机器人能够实现实时的数据共享和协同工作，提高导航的效率和准确性。

2. 点云拼接方法

利用点云拼接技术为室内路径规划提供三维八叉树地图。通过将多个传感器获取的点云数据进行拼接和处理，机器人能够获取更全面的环境信息，并构建准确的三维地图。这为机器人的路径规划和避障提供了更精细和全面的环境模型。

地空协同视觉导航方法的整体框架设计紧密结合了算法验证层、协同导航平台和关键支持技术层的功能和需求。算法验证层提供了基于视觉辅助的智能算法，以实现关键的导航功能，包括 SLAM、目标跟踪和人机交互等。这些算法通过对感知数据的处理和分析，提供了环境感知和导航决策所需的信息。

协同导航平台构建层集成了多种视觉传感器载荷和底层 PID 控制器等硬件组件，为算法验证层的研究提供了实验平台。使用商用级机器人，如 AR.Drone2.0 和 Turtlebot2，由于该平台具有灵活性和可重构性，使得其他领域的研究者能够方便地进行相关算法的验证和测试。

关键技术支撑层提供了自组织通信链路和点云拼接方法，以解决地空协同视觉导航中的通信和地图构建问题。自组织通信链路通过 ROS 的主题模式实现了地空机器人之间的实时数据共享和协同工作。点云拼接方法利用多个传感器获取的点云数据，生成准确的三维八叉树地图，为路径规划和避障提供了精细的环境模型。

总体而言，地空协同视觉导航方法的设计框架紧密结合了算法验证、硬件平台和关键技术支撑，旨在实现地空机器人的高效导航和协同工作。通过整合不同层次的功能和技术，该方法为地空协同视觉导航研究提供了全面支持，并具备扩展性和适应性，可满足不同场景和任务的导航需求。

二、地空协同原型系统设计

地空协同原型系统的设计旨在利用神经网络和异构协同平台的视觉导航方法，实现地面机器人 Turtlebot2 和无人机 AR.Drone2.0 的协同工作。为了充分发挥地面机器人的载荷能力，原型系统为 Turtlebot2 配备了 I7-4700 高性能 CPU 计算单元和 RGB-D 传感器 KinectV2，用于导航和定位。无人机通过搭载的前置单目相机获取视觉信息，并通过网络将图像数据发送给地面机器人进行图像处理。为了确保异构系统机器人之间传感器数据的融合和对齐，系统通过订阅 ROS 相关主题进行数据采样。原型系统的构建主要包括以下步骤：

（一）地空通信网络构建

为了实现无人机与地面机器人之间的连接，原型系统采用了无线局域网和有线网络构建了专用的地空通信网络。图 6-2 展示了该网络的架构。通过该设计，地空机器人编队可以建立一个独立的自组织通信网络，支持一对多和多对多等通信形式。该网络基于 ROS，利用 ROS 节点的主题发布和订阅机制实现数据交互。无人机与机载笔记本电脑之间的数据交互采用 ROS 通信机制，而地面机器人与笔记本电脑之间的数据交互则通过有线网络完成。

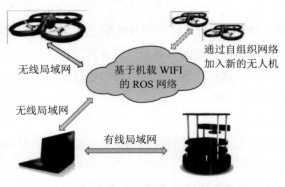

图 6-2　地空机器人自组织通信网络

（二）地面机器人对无人机的实时控制和导航

为了实现地面机器人对无人机的实时控制和导航，原型系统利用无人机获取的视觉图像和地面机器人深度相机获取的点云地图实现了四旋翼与地面机器人的位置同步和协同导航。通过将无人机的视觉图像和地面机器人的点云地图进行数据融合和对齐，实现了两个机器人之间的位置同步和导航信息的共享。这样，地面机器人可以实时控制无人机的运动，并协同完成导航任务。

1. 视觉图像的获取和处理

无人机通过搭载摄像头或 RGB–D 传感器获取实时的视觉图像。这些图像可以提供环境的外观信息，包括地面的纹理、障碍物的形状和位置等。通过视觉 SLAM 算法，无人机可以实时地对自身进行定位并构建地图。同时，地面机器人也通过深度相机获取实时的点云地图，提供更详细的环境几何信息。

2. 数据融合与对齐

在地空协同导航中，无人机的视觉图像和地面机器人的点云地图需要进行数据融合和对齐。这可以使用传感器融合算法，如扩展卡尔曼滤波器（EKF）或粒子滤波器等，将两者的数据进行融合，得到一致的环境模型。数据融合和对齐的过程可以提高环境感知的准确性和一致性，为后续的控制和导航提供可靠的基础。

3. 位置同步和导航信息共享

通过数据融合和对齐，地面机器人和无人机之间可以实现位置同步和导航信息的共享。地面机器人可以通过无人机的视觉图像来获取更广阔的环境感知，识别远距离的目标和障碍物。无人机则可以通过地面机器人的点云地图来获取更准确的地面几何信息。双方可以通过无线通信网络实时交换位置和地图数据，保持位置的一致性，并共同决策导航策略。

4. 实时控制和导航

地面机器人利用共享的导航信息和控制指令，对无人机进行实时控制和导航。基于共享的位置信息和地图，地面机器人可以计算出无人机的运动控制指令，包括姿态控制和轨迹规划。这样，地面机器人可以通过给无人机发送控制指令，实现对其运动的实时控制和导航。

5. 协同导航任务完成

通过地面机器人对无人机的实时控制和导航，地空协同异构视觉导航方法能够高效完成协同导航任务。

地空协同异构视觉导航方法能够实现地面机器人对无人机的实时控制和导航，

通过协同导航平台的构建，实现双方的信息交互和协同决策，从而提高导航任务的效率和准确性。

（三）环境三维地图重建与导航

为了满足空地异构机器人系统的实时导航需求，原型系统基于 KinectV2 传感器研究了环境三维地图重建方法。为了在复杂的导航环境中建立地图，系统提出了基于八叉树的三维环境重建方法。利用 ORB-SLAM2 框架，系统在地图构建部分采用空间点云拼接算法，实现了密集点云地图和八叉树地图模块的构建。通过该方法，系统能够快速而准确地重建复杂导航环境的三维地图。

此外，系统还基于质心跟踪方法，利用地面机器人实现了人体与异构机器人之间的位置跟踪。通过跟踪人体的质心位置，系统可以实时获取人体的位置信息，并与机器人的导航信息进行融合，从而实现对人机协作潜在可能性的初步探索。

通过建立地空通信网络、实现位置同步和协同导航，以及环境三维地图重建和人体位置跟踪，系统能够满足在复杂环境中的实时导航需求，并展示出地空异构机器人协同工作的潜力。

三、基于ORB-SLAM2的八叉树地图构建方法

在视觉导航与路径规划问题中，地面机器人需要精确的定位信息，这可以通过已知的空间环境地图或读取自身轮胎编码器信息来获取。然而，在面对未知环境和长时间工作任务时，地面机器人需要其他方法来修正惯性装置和编码器的累积误差。为此，基于 ORB-SLAM2 框架的八叉树地图构建方法被提出，旨在提供更精确的定位和导航能力。

（一）初始定位与地图构建

首先，地面机器人通过使用 ORB-SLAM2 算法进行初始定位，并利用激光雷达或 RGB-D 传感器获取环境的点云数据。然后利用八叉树数据结构对点云数据进行处理和组织，构建初始的三维地图。

1. 初始定位

初始定位是通过 ORB-SLAM2 算法实现的。该算法结合了特征点提取和描述子匹配技术，通过分析相邻帧之间的特征点匹配关系来估计机器人的相对位姿。初始定位的目标是获取机器人在初始时刻的姿态信息，即相对于参考坐标系的位置和方向。

在初始阶段，地面机器人通过激光雷达或 RGB-D 传感器获取环境的点云数据。通过 ORB-SLAM2 算法对点云数据进行特征提取和描述子计算，并与之前的帧进行匹配，得到相邻帧之间的位姿估计。通过累积这些位姿估计，地面机器人可以获得自身相对于初始时刻的位置和方向。

2. 地图构建

在初始定位的基础上，利用八叉树数据结构对点云数据进行处理和组织，构建初始的三维地图。八叉树是一种用于表示三维空间的数据结构，通过将空间划分为八等份的子空间，来高效地表示不同精度的三维信息。

地面机器人利用初始定位结果和传感器获取的点云数据，将点云数据分配到八叉树的叶节点中。具体而言，对于每个点云数据点，机器人根据其位置信息找到对应的八叉树叶节点，并将该点云数据点存储在该叶节点中。

通过不断收集和处理传感器数据，地面机器人可以逐步构建三维地图。八叉树地图可以提供更详细和准确的环境信息，包括障碍物的位置、形状和尺寸等。这些信息对于后续的导航和路径规划具有非常关键的作用。

在地图构建过程中，可以采用一些优化算法，如基于滤波和数据关联的方法，以提高地图的准确性和稳定性。此外，还可以利用传感器数据的时序特性，实现地图的增量更新，以适应动态环境的变化。

通过初始定位与地图构建可以为地空协同异构视觉导航方法的后续步骤提供准确的定位信息和初始的三维地图。这为完成机器人的导航、路径规划和环境感知等任务奠定了基础，并为后续的异构协同工作提供了可靠的参考数据。

（二）时序融合与增量更新

随着地面机器人的移动，新的传感器数据不断生成。为了实现时序融合和增量更新，八叉树地图会根据新的传感器数据进行动态调整和更新。通过对新数据与已有地图的匹配和融合，实现地图的精确度提高和时效性维持。以下是时序融合和增量更新的详细步骤：

1. 传感器数据获取

地面机器人在运行过程中，通过激光雷达或 RGB-D 传感器获取新的传感器数据。这些数据包括点云、图像和传感器位姿等信息。

2. 特征提取和描述子计算

对于新的传感器数据，利用 ORB-SLAM2 算法进行特征提取和描述子计算。这些特征点和描述子将用于后续的匹配和融合步骤。

3. 匹配与融合

将新的传感器数据与已有地图进行匹配和融合，并更新地图的内容和几何结构。具体而言，可以利用特征点的匹配关系，计算新数据与地图中的特征点之间的位姿变换，从而将新数据与地图进行对齐和融合。

4. 位姿优化

在匹配和融合过程中，可以利用优化算法对机器人的位姿进行调整和优化，以提高匹配的准确性和地图的一致性。常用的优化方法包括非线性优化和最小二乘法等。

5. 增量更新

随着新的传感器数据的生成，地图可以通过增量更新的方式进行实时更新。具体而言，可以将新的传感器数据与已有地图进行融合，并将新的特征点和描述子添加到地图中。同时，需要对地图的数据结构进行相应的调整和更新，以保持地图的一致性和效率。

通过时序融合和增量更新，地空协同异构视觉导航方法可以实现对地图的动态调整和更新，保持地图的准确性和时效性。这样，机器人可以在实时环境中实现导航和路径规划，并根据新的传感器数据进行决策和调整。时序融合和增量更新为机器人的感知和决策提供了准确的地图信息，提高了机器人的导航精度和效率。

（三）传感器数据校准与误差修正

由于惯性装置和编码器的累积误差，地面机器人的定位可能存在一定的偏差。通过与八叉树地图进行对比和校准，可以检测和修正定位误差，提高定位的精确性和稳定性。以下是传感器数据校准与误差修正的详细步骤：

1. 传感器校准

对于每个传感器，进行传感器校准是关键的一步。例如，针对激光雷达，可以进行激光雷达的标定，包括内部参数（例如旋转角度、视场角）和外部参数（例如位置、姿态）。类似地，对于摄像头或深度相机，也需要进行相应的校准操作，如相机内外参数的标定、畸变校正等。传感器校准可以减小传感器引入的系统误差，并提高数据的准确性。

2. 误差建模与估计

在校准过程中，需要建立传感器误差模型，并估计其参数。这些模型可以描述传感器的系统误差和随机误差。常见的误差模型包括高斯分布、正态分布等。

通过对传感器数据进行统计分析和参数估计，可以获取误差模型的参数，并将其应用于校准过程中。

3. 校准算法选择

根据传感器数据的特点和误差模型，选择合适的校准算法。例如，对于平移误差的校准，可以使用最小二乘法或优化算法进行参数估计。对于旋转误差的校准，可以采用旋转矩阵的调整或姿态估计算法。校准算法的选择应考虑算法的效率、精确性和稳定性。

4. 数据融合与滤波

将校准后的传感器数据与其他传感器数据进行融合。常见的数据融合方法包括卡尔曼滤波和粒子滤波。这些滤波算法可以利用多个传感器的信息，并结合先验知识对定位进行优化和修正，从而减小定位误差。

5. 定位误差补偿

通过校准和数据融合，可以修正定位误差，提高定位的精确性和稳定性。修正后的定位结果可以用于路径规划、障碍物避障等导航任务，以实现准确和可靠的视觉导航。

通过校准和修正传感器数据，可以提高地面机器人和空中机器人的定位精度、系统状态估计准确性和导航稳定性，从而实现更高水平的地空协同导航。这为未来的智能机器人应用和技术发展提供了有力的支持。

（四）导航与路径规划

AM2 的八叉树地图构建方法为地面机器人提供了实时的导航和路径规划功能。在导航过程中，地面机器人可以通过以下步骤进行路径规划和导航控制：

1. 目标设定

地面机器人需要确定导航的目标位置。这可以通过人机交互、远程指令或预先设定的任务来实现。目标位置可以是地图中的特定坐标点、区域或者其他机器人的位置。

2. 地图与定位

地面机器人使用 ORB-SLAM2 算法进行初始定位，利用传感器数据估计自身位置。通过与八叉树地图进行匹配和比对，机器人可以进一步校准和修正自身的定位误差，提高导航的准确性和稳定性。

3. 路径规划

基于八叉树地图的路径规划算法考虑了地图中的障碍物、机器人的运动能力和导航约束等因素，计算出从当前位置到目标位置的最优路径。路径规划算法可以采用经典的算法如 A^* 算法、Dijkstra 算法，也可以结合启发式搜索和机器学习方法进行优化。

4. 动态环境感知

在导航过程中，地面机器人需要实时感知环境中的动态变化，如移动障碍物、行人等。通过获取和处理传感器数据，机器人可以识别和跟踪动态物体，并及时更新地图信息，以适应动态环境的变化。

5. 导航控制

导航控制系统将路径规划结果转化为机器人的运动指令，控制机器人的运动。根据规划的路径，导航控制系统可以实现速度控制、姿态控制和轨迹跟踪等功能，确保机器人按照规划路径进行安全、稳定的导航。

6. 避障与动态路径规划

在导航过程中，地面机器人需要实时避开障碍物，包括静态障碍物和动态障碍物。通过获取和分析传感器数据，机器人可以检测障碍物的位置和运动状态，并采取相应的避障策略。在遇到新的未知环境或动态障碍物时，基于八叉树地图的方法可以支持动态路径规划，实时更新地图和重新计算路径，使机器人能够快速适应变化的环境并做出相应的导航决策。

7. 导航监控与反馈

在导航过程中，地面机器人需要实时监控导航的状态和性能，并提供反馈信息。通过传感器数据的获取和算法的分析，机器人可以监测自身的位置误差、运动轨迹偏差等指标，并及时调整导航控制策略。导航监控系统可以向操作人员或其他系统提供导航状态、路径跟踪信息等反馈，以便及时评估导航的质量和效果。

8. 智能决策与优化

基于八叉树地图的导航方法可以结合机器学习和人工智能技术，实现智能决策和优化。通过对大量导航数据的学习和分析，可以提取导航的规律和经验，并优化路径规划和导航控制策略，以提高导航的效率和可靠性。

9. 多机器人协同导航

在某些场景下，多个地面机器人可能需要协同完成导航任务，例如协同搜索和救援任务。基于八叉树地图的导航方法可以支持多机器人之间的通信和协调，实现分布式的导航与路径规划。通过共享地图和路径信息，多个机器人可以相互协助，避免碰撞和冲突，提高整体的导航效率和任务完成率。

　　基于 ORB-SLAM2 的八叉树地图构建方法为地面机器人提供了强大的导航和路径规划能力。通过准确的位置估计、高效的路径规划和稳定的导航控制，地面机器人可以在复杂的环境中实现实时、准确的导航。这种方法的应用范围广泛，包括智能巡检、自主物流、环境监测等领域，为机器人的自主导航能力提供了重要支持。

参考文献

[1] 黄巍.基于相关滤波的目标跟踪算法研究[D].乌鲁木齐：新疆大学，2021.

[2] 伊宏鹏，陈波，柴毅.基于视觉的目标检测与跟踪综述[J].自动化学报，2016，42（10）：1466-1489.

[3] 胥中南.复杂道路场景下基于视频的车辆跟踪方法研究[D].西安：西安理工大学，2019.

[4] 刘晓悦，王云明，马伟宁.融合FHOG和LBP特征的尺度自适应相关滤波跟踪算法[J].激光与光电子学进展，2020，57（4）：1-14.

[5] 刘金花.基于KCF的目标跟踪算法改进及GPU系统实现[D].西安：西安电子科技大学，2017.

[6] 刘甜甜.核相关滤波目标跟踪算法研究[D].武汉：华中科技大学，2017.

[7] 林云森，范文强，姜佳良.基于深度学习的水果识别技术研究[J].光电技术应用，2019，34（6）：45.

[8] 傅梦雨.基于深度学习的人体行为识别分析研究[D].哈尔滨：哈尔滨工业大学，2017.

[9] 纪执安.复杂场景下的核相关滤波目标跟踪算法研究[D].秦皇岛：燕山大学，2020.

[10] 成悦，李建增，褚丽娜，等.基于模型与尺度更新的相关滤波跟踪算法[J].激光与光电子学进展，2018，55（12）：297-303.

[11] 周华争，马小虎.基于均值漂移算法和时空上下文算法的目标跟踪[J].计算机科学，2017，44（8）：22-25.

[12] 李志慧，钟涛，赵永华，等.面向车辆自动驾驶的行人跟踪算法[J].吉林大学学报（工学版），2019，203（3）：680-687.

[13] 李明.基于相关滤波的目标跟踪方法研究[D].兰州：西北师范大学，2021.

[14] 葛宝义，左宪章，胡永江.视觉目标跟踪方法研究综述[J].中国图像图形学报，2018，23（8）：5-21.

[15] 杨旭，孟琭．目标跟踪算法综述 [J]．自动化学报，2019，45（7）：1244-1260.

[16] 卢湖川，李佩霞，王栋．目标跟踪算法综述 [J]．模式识别与人工智能，2018，31（1）：61-76.

[17] 乔晓康．基于稀疏表征的目标跟踪算法研究 [D]．金华：浙江师范大学，2017.

[18] 王颖．多尺度相关滤波目标跟踪算法的研究与实现 [D]．西安：西安科技大学，2020.

[19] 孟琭，杨旭．目标跟踪算法综述 [J]．自动化学报，2019（7）：17.

[20] 卢湖川，李佩霞，王栋．目标跟踪算法综述 [J]．模式识别与人工智能，2018，31（1）：16.

[21] 刘志峰，陈姚节，程杰．结合帧差法的尺度自适应和相关滤波跟踪 [J]．计算机技术与发展，2021，31（2）：5.

[22] 黄鹤，陈永安，张少帅，等．融入运动信息和模型自适应的相关滤波跟踪 [J]．机械与电子，2021，39（1）：5.

[23] 姜文涛，金岩，刘万军．遮挡判定下多层次重定位跟踪算法 [J]．中国图像图形学报，2021，26（2）：13.

[24] 姜龙，骆勇．基于人工智能技术的运动教学视频压缩算法 [J]．现代电子技术，2020，43（21）：5.

[25] 游峰，梁健中，曹水金，等．面向多目标跟踪的密集型人群轨迹提取和运动语义感知 [J]．交通运输系统工程与信息，2021，21（6）：14.

[26] 吴大伟．智慧交通中形变自适应的目标跟踪算法研究 [J]．山西建筑，2020，46（6）：3.

[27] 谢志鹏，卢一向，高清维，等．基于核函数和方向估计的多目标跟踪方法 [J]．传感器与微系统，2021，40（2）：4.

[28] 罗大鹏，杜国庆，曾志鹏，等．基于少量样本学习的多目标检测跟踪方法 [J]．电子学报，2021，49（1）：9.

[29] 钱泷．基于 DenseNet 的无人机在线多目标跟踪算法 [J]．电脑知识与技术：学术版，2021.

[30] 黄鹤，陈永安，张少帅，等．融入运动信息和模型自适应的相关滤波跟踪 [J]．机械与电子，2021，39（1）：5.

[31] 单荣杨．基于 APBT 的类 JPEG 图像压缩以及 HEVC 视频编码与水印算法研究 [D]．济南：山东大学，2017.

[32] 郑苗，吕永艺．城市道路中智能交通应用研究 [J]．智能建筑与智慧城市，2021
（3）：3.

[33] 傅大鹏．城市道路交通智能控制策略 [J]．科技风，2018（26）：1.

[34] 邢艳云，于波．基于水平特征的车辆检测与跟踪 [J]．汽车零部件，2021（4）：6.

[35] 赵迪，张占武．任务场景对人机交互需求的影响 [J]．北京建筑大学学报，
2021，37（2）：7.

[36] 沈玉玲，伍忠东，赵汝进，等．基于模型更新与快速重检测的长时目标跟踪 [J]．
光学学报，2020，40（3）：10.

[37] 邬赟，陈天顺，谭文群，等．基于粒子滤波的多径伯努利目标跟踪算法 [J]．电
脑知识与技术（学术版），2021，17（22）：2.

[38] 唐洪涛．利用滑动窗口检测器的多目标跟踪误报检测 [J]．控制工程，2017，24
（11）：5.

[39] 杨海涛．基于特征选择的目标跟踪技术研究 [D]．南京：南京航空航天大学，
2020.

[40] 周涛，狄晓妮，李岩琪．多特征融合与尺度估计相结合的目标跟踪算法 [J]．红
外技术，2019，41（5）：8.

[41] 李成名，殷勇，吴伟．Stroke 特征约束的树状河系层次关系构建及简化方法 [J]．
测绘学报，2018，47（4）：537-546.

[42] 张彦林，朱彦虎．甘肃省地貌分区研究 [J]．甘肃地质，2020，29（1-2）：7-11.

[43] 李成名，郭沛沛，殷勇，等．一种顾及空间关系约束的线化简算法 [J]．测绘学报，
2017，46（4）：498-506.

[44] 陈占龙，吴亮，周林，等．地理空间场景相似性度量理论、方法与应用 [M]．武汉：
中国地质大学出版社，2016.

[45] 李精忠，李冬琳．一种基于汇水区合并的 DEM 综合方法 [J]．武汉大学学报·信
息科学版，2015，40（8）：1095-1104.

[46] 武芳，巩现勇，杜佳威．地图制图综合回顾与展望 [J]．测绘学报，2017，46（10）：
1645-1664.

[47] 王家耀，何宗宜，蒲英霞，等．地图学 [M]．北京：测绘出版社，2016.

[48] 郭文月，刘海砚，孙群，等．顾及几何特征相似性的多源等高线匹配方法 [J]．
测绘学报，2019a，48（5）：643-653.

[49] 郭文月，刘海砚，孙群，等．面向区域增量更新的等高线群混合相似性度量模

型 [J]. 地球信息科学学报，2019b，21（2）：147-156.

[50] 王荣，闫浩文，禄小敏 .Douglas-Peucker 算法全自动化的多尺度空间相似关系
方法 [J]. 地球信息科学学报，2021，23（10）：1767-1777.

[51] 徐丰，牛继强，林昊，等 .利用等距同构建立多尺度空间实体相似性度量模型 [J].
武汉大学学报（信息科学版），2019，44（9）：1399-1406.

[52] 程绵绵，孙群，李少梅，等 .多尺度点群广义 Hausdorff 距离及在相似性度量
中的应用 [J]. 武汉大学学报（信息科学版），2019，44（6）：885-891.

[53] 何海威，钱海忠，段佩祥，等 .线要素化简及参数自动设置的案例推理方法 [J].
武汉大学学报（信息科学版），2020，45（3）：344-352.

[54] 谢丽敏，钱海忠，何海威，等 .基于案例推理的居民地选取方法 [J]. 测绘学报，
2017，46（11）：1910-1918.

[55] 赵云鹏，孙群，刘新贵，等 .面向地理实体的语义相似性度量方法及其在道路
匹配中的应用 [J]. 武汉大学学报（信息科学版），2020，45（5）：728-735.

[56] 胡昭华，李高飞，陈胡欣 .多通道特征和择优并行更新的核相关滤波跟踪 [J].
计算机工程与应用，2019（15）：161-168，270.

[57] 马康，娄静涛，苏致远，等 .结合特征融合和尺度自适应的核相关滤波器目标
跟踪算法研究 [J]. 计算机科学，2020（A2）：224-230.